口絵

絵1:リバースエンジニアリングよって6502の回路図を再現するプロジェクト「Visual 6502」が解析した6502ダイの機能配置(http://visual6502.org/images/6502/6502_pad_annot_07.png)

絵2:40字×24行の大文字アルファベットと記号、数のみ表示可能なApple IIのテキストモード(5-3参照)

絵3:各々のドットに対して任意の16色が表示可能なApple IIの低解像度グラフィックモード。ただし解像度横40×縦48ドットという特殊なもの(5-3参照)

STEPPING BY 2
<PRESS THE 'ESC' KEY TO STOP>

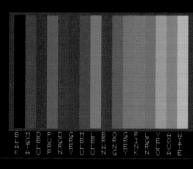

B M D P D G M L B O G P F Y A W
L G T U R R E T R R R I L E Q H
K T A P N Y B U W N Y N N L U T
A L U L E Y L N N G K Y O A E

4020   NEXT I: RETURN
5000   TEXT : HOME : END
]█

4020   NEXT I: RETURN
5000   TEXT : HOME : END
]█

色決めビット＝0
紫 緑 紫 緑 紫 緑 紫

0

色決めビット＝1
青 橙 青 橙 青 橙 青

1

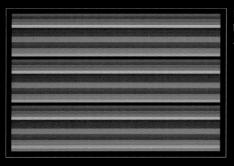

口絵8:低解像度グラフィックの「次の色」を設定する機能を使って色の変化する水平線を連続的に描くプログラムの実行結果(7-3参照)

口絵9:筆者が所有する1988年製スタンダードApple II の上部カバー。ウォズニアク本人に会った際に裏にサインをもらった

口絵10:スタンダードApple IIに付属していた4本のApple純正カセットテープ。2本のゲームソフト(Breakout、StarWars)、高解像度グラフィック機能、マイクロソフト製BASICが含まれていた

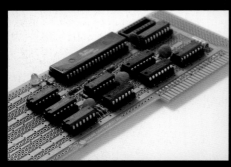

口絵11:AppleがApple II拡張カード自作用に販売していたロゴ入り純正のユニバーサル基板を使用して筆者が設計、製作した6809CPUボード。マイクロソフト製の「Z80 SoftCard」と同様に、Apple IIを乗っ取って動作するもの

口絵12: 代表的なアドベンチャーゲームの1つ、「Mission Asteroid」の一画面。高解像度グラフィックを使って「線」だけでなく「面」を表現できているのは最初期のアドベンチャーゲームからの進歩だった

口絵13:アーケードゲームとして大ヒットした「スペースインベーダー」をApple IIに移植した「Apple Invaders」。これに代表されるように、ゲーセンのゲームを家庭でも遊べるようにするというのが、当時のパソコンの1つの存在意義だった

口絵14:イランによるアメリカ人人質事件をネタにしたヘリコプターによる人質救出ゲーム「Choplifter!」。Apple IIがオリジナルのゲームで、その後多くのパソコンやゲーム機に移植された。当時はこうした社会問題にヒントを得たゲームも多かった

口絵15:筆者が個人的にApple II用ゲームの最高傑作と考えている「Star Blazer」。高解像グラフィックを極限まで生かしたキャラクターのカラーリング、効果音、慣性までを考慮したジョイスティックによる微妙なコントロール、ゲームの展開、どれを取っても非の打ち所がない

6502と
Apple II システムROM
の秘密

6502機械語プログラミングの愉しみ

柴田文彦 著
Fumihiko Shibata

Ⱶ Rutles

はじめに

　本書のテーマは、端的に言えば、マイクロプロセッサー6502と、パーソナルコンピューター Apple II の素晴らしさを、できるだけ詳しく語ることにあります。それで本一冊分の話題があるのかと疑念を抱かれる方もあるかもしれませんが、とんでもない。いずれにも、本一冊では、とうてい語り尽くせないほどの広さと深さのある世界が広がっています。本書は、その中から、どうしても外せないというエッセンスを選りすぐって一冊にまとめたものです。

　6502は、かなりミニマムな構成ながら、そこから簡単には想像できないほどの性能を発揮する8ビットマイクロプロセッサーです。そして Apple II は、6502の特徴を最大限に活用し、さらに相乗効果によって極限とも言えるパフォーマンスを発揮するよう設計された、地球を代表するパーソナルコンピューターです。6502が登場してからすでに約45年、Apple II が発売されてからでも約43年が経過しようとしています。つまり、いずれもほぼ半世紀前の製品ということになります。そんな昔のものを今更掘り起こしてもしかたがないだろうと思われるかもしれません。しかし、6502と Apple II の組み合わせによって生み出された妙技は、そのまま忘れ去ってしまうには、あまりにももったいないものです。これまでにも、断片的に語られてきたことはあるでしょうが、Apple II の商業的な成功と、その後の Apple の発展がかえって邪魔をして、多くの人に十分に理解されているとは考えにくく、それはもどかしいことでした。

私は1970年代の後半から今日まで、ずっとパーソナルコンピューターの進化を横から観察し続けてきました。その中で、率直に言っていちばん面白いと感じ、時間の経つのも忘れてプログラミングやハッキングにのめり込んだのは、やはり Apple II でした。それに次ぐのが初期の Macintosh ですが、それらはだいぶ性格が異なるものです。本書の目的としては、そのような最高の面白さを与えてくれた仕組みを、半世紀近く経った今、冷静に見直し、改めて書籍として書き留めて後世に伝えたいという、ちょっと大仰なものも含まれています。6502や Apple II については、名前しか聞いたことがないという人も、多少なりとも知っていると自負している人も、それらの組み合わせが生み出す有史以来最高のからくりの凄さを改めて味わい、その秘訣を理解することを楽しんでいただければ、本書を著した甲斐があるというものです。

2020年初春　柴田文彦

Contents

第1章　6502とApple II … 009

1-1　6502とApple IIの親密な関係 … 010
- どうしてもマイナーなマイクロプロセッサー … 010
- 狙ったのはマイクロプロセッサーの価格破壊!? … 011
- ミニマリストのプロセッサー … 012
- 6502に依存しているApple IIの設計 … 013
- 6502を採用した初期の製品 … 014
- 6502を採用した製品の発展 … 020

1-2　現在の6502に関する活動… 023
- 6502をリバースエンジニアリング… 023
- 6502を巨大なハードウェアで再現 … 025

1-3　エミュレーターで蘇る6502とApple II … 028
- いろいろなApple IIエミュレーター … 028
- Apple II jsの使い方 … 031

第2章　6502誕生の背景 … 037

2-1　インテルが作ったマイクロプロセッサーの基礎 … 038
- 汎用8ビットマイクロプロセッサー登場前夜 … 038
- 8ビットマイクロプロセッサーの時代へ … 040

2-2　最初から汎用8ビットプロセッサーに的を絞ったモトローラ … 043
- インテルの80系に対抗しうるモトローラの68系 … 043

2-3　モトローラからMOS Technologyへ … 045
- 6800をとことん簡略化して低コストを目指す … 045
- 6501と6502の誕生 … 046
- モトローラによる訴訟と和解 … 048

第3章　6800との比較で明確になる6502の開発意図 … 051

3-1　6800と共通性の高いピンアサイン … 052

- ●ハードウェア的には互換性があった6800と6501 … 052
- ●6800とかなりの共通性を残した6502のピンアサイン … 052
- ●似て非なる6800と6502のクロック信号 … 054

3-2　開発意図を反映した6502のレジスター構成 … 056

- ●大きなくくりでは6800と一致する6502のレジスター構成 … 056
- ●極限まで簡略化した6502のレジスター … 057

3-3　このクラスには不似合いなほど強力なアドレッシングモード … 060

- ●CPUの「アドレッシングモード」とは? … 060
- ●アキュムレーターモード … 061
- ●イミーディエイト … 062
- ●アブソリュート … 064
- ●ゼロページ … 068
- ●インデックスト・アブソリュート … 069
- ●インデックスト・ゼロページ … 071
- ●インダイレクト … 073
- ●インデックスト・インダイレクト … 074
- ●インダイレクト・インデックスト … 075
- ●リラティブ … 075
- ●インプライド … 077

第4章　6502のインストラクションセット … 081

4-1　8×8のマトリクスで見るインストラクション一覧 … 082

- ●1バイトに軽く収まる全命令語 … 082
- ●命令コードの中で命令の種類を表すビットパターン … 086
- ●命令コードの中でアドレッシングモードを表すビットパターン … 087

4-2　アルファベット順インストラクション解説 … 091

- ●6502インストラクションセット一覧の見方 … 091
- ●ニーモニック解説 … 096

第5章　Apple IIのハードウェア概要 … 107

5-1　Apple IIの機能ブロック … 108

● ゲーム専用機のない時代にゲームマシンとしての性格も獲得 … 108
● CPUとビデオが対等に動作するアーキテクチャ … 109
● 3つの画面モードを切り替える、もう1つのマルチプレクサ … 111

5-2　Apple IIのメモリマップ … 114

● 全メモリ空間=64KBの割り振り方 … 114
● 3種類のRAM容量の構成 … 115
● RAMのさまざまな用途 … 117

5-3　Apple IIのグラフィック機能 … 120

● 3種類×2+aのビデオモード … 120
● 画面モードの切り替え … 123
● カラーキラーとボードのレビジョン … 124
● テキストモード … 126
● 画面表示用文字コード … 130
● 低解像度グラフィック … 131
● 高解像度グラフィック画面の変態的なアドレス構成 … 133
● モノクロのメモリ容量で6色を出す秘密 … 137
● 高解像度グラフィックの注意点 … 141

5-4　Apple IIの内臓I/O機能 … 144

● キーボード入力 … 144
● カセット入出力／スピーカー出力 … 146
● パドル入力 … 149
● アナンシエータ出力 … 154

5-5　Apple IIの拡張スロットの仕組み … 157

● 独自の拡張バスを装備 … 157
● スロットごとに割り振られたI/Oアドレス … 160

第6章　Apple IIファームウェア詳解 … 167

6-1　システムモニターだけではないROM領域マップ … 168
- Apple IIとApple II plus … 168
- オプションのProgrammer's Aid #1 … 172

6-2　BASICだけではない6K BASICのROMの中身 … 176
- 6K BASICのROMに潜む3つの驚き … 176
- ミニアセンブラー … 177
- 浮動小数点演算ルーチン … 179
- 仮想16ビットCPUインタープリターSweet 16 … 179

6-3　超高密度モニターROMの中身 … 182
- モニターROMの利用マップ … 182
- モニターROMによるゼロページ利用マップ … 184
- モニターROMのエントリーポイント … 188

第7章　Apple II モニターコマンド … 225

7-1　システムモニターコマンドの使い方 … 226
- モニターへの入り方 … 226
- モニターコマンドを使う … 227

7-2　ちょっと特殊なモニター操作 … 238
- 複数コマンドの連続実行 … 238
- 簡易計算機能 … 239
- 入出力のリダイレクト設定 … 240
- コントロールキーによる操作 … 242

7-3　6K BASIC ROMに滑り込ませたミニアセンブラー … 244
- ミニアセンブラーの起動 … 244
- ミニアセンブラーの入力フォーマット … 245
- モニターコマンドの実行 … 247

索引 249

●コラム

エンディアン … 044

2つの「モステック」? … 046

セカンドソース … 050

キャリーフラグを含まない加減算命令を持たない6502 … 064

6809が拡張した「ダイレクト（ゼロページ）モード」… 078

NOP命令が必要なわけ … 085

デシマルモードでの足し算、引き算 … 106

Z80を採用したPC-8001の実効クロック周波数 … 113

「64KBクリーン」を実現する「ランゲージカード」 … 119

シフトキーの機能を「拡張」する「Shift-Key Mod」 … 155

Apple IIを他のCPUにすげ替えることさえ可能なフレキシブルな設計 … 166

ファームウェアとして世界初のビジュアル・エフェクトを実装した画面クリアルーチン … 196

第1章
6502とApple II

この最初の章では、これに続く章を興味を持って読んでいただけるよう、本書全体の概要を述べながら、各章の内容につながるような、ある種の道標のようなものを提示していきたいと考えています。本書の主な内容を大きく分ければ、6502のハードウェアとソフトウェア、Apple II のハードウェアとソフトウェア、というように、6502とApple II について、ハードウェアとソフトウェアの両面から探求しようというものとなっています。それらは、なるべくページの順番通りに読んでいただいた方が理解しやすいはずですが、この最初の章を読んで興味が湧いたところから、つまみ食い的に読んでいただいてもかまいません。その後で、それより前の方を改めて読んでいただければ、飛ばし読みによって生じた疑問も解消されて、謎解きのように楽しめる、ということもあるかもしれません。また本章では、これ以降の章では触れていない内容として、現在の6502に関する活動についてと、ハードウェアがなくても6502とApple II のソフトウェアを楽しむことができるエミュレーターについても紹介しています。

1-1　　6502とApple II の親密な関係 ………………………………………………… 010
1-2　　現在の6502に関する活動 …………………………………………………………… 012
1-3　　エミュレーターで蘇る6502とApple II ……………………………………………… 028

1-1 6502とApple IIの親密な関係

●どうしてもマイナーなマイクロプロセッサー

　本書の主役の1つ、6502は、今から半世紀近く前に作られた1つの8ビットマイクロプロセッサーの型番です。日本では、もっぱら「ロク・ゴー・マル・ニー」と呼ばれています。英語圏では、「シックス・ファイブ・オー・ツー」、または「シクスティ・ファイブ・オー・ツー」というように、やはり親しみを込めて型番の数字のみで呼ばれています。正式な製品名としては、メーカー名を先頭に付けて「MOS Technology 6502」ということになります。ちょっと短くして「MOS 6502」と表記されることもあります。

　いろいろな用途に使われて、かなり有名になったプロセッサーですが、8ビットのマイクロプロセッサーを代表する存在というわけでもありません。ただしそれは、特に「残念ながら」というような感情ではなく、6502のユーザーなら、むしろ誇らしげな気持ちとともに、そう感じている類のものです。つまり、プロセッサーとしてはメジャーではないのに、パーソナルコンピューターの代表機種の1つ、Apple IIに採用されるなど、ここまで活躍したのは大したものだ、といったような強い思いがあるわけです。代表的な8ビットプロセッサーと言えば、やはりインテルの8080や、その後継の8085、モトローラの6800や6809といったあたりになるでしょう。あるいはインテルの8080シリーズから派生したザイログのZ80を挙げる人もいるかもしれません。

　6502は、そういったメインストリームの製品から比べると、どうしてもマイナーな製品です。そうなった要因の1つは、やはりメーカーがマイナーだったことにあるでしょう。MOS Technologyは、プロセッサーメーカーとしては、ほとんど6502だけしか作らなかったような、小さくて、寿命も短い会社でした。6502を発売してしばらくすると、他社に買収されてしまったからです。それは裏を返せば、6502にはそのメーカーごと買収するだけの価値があったというわけですが、やはり会社としては栄光に満ちた経緯とは言えません。どうしてそんなことになってしまったのかについては、本書の第2章で述べています。ちなみに、世の中には6502の後継と称される16ビットのマイクロプロセッサーもありますが、そ

れを作ったのは MOS Technology ではありません。MOS Technology を買収した
Commodore 社でもありません。そのあたりの事情についても 2 章で触れています。

●狙ったのはマイクロプロセッサーの価格破壊!?

　6502 がマイナーだったもう 1 つの要因としては、それが 8 ビットプロセッ
サーとして最大の機能や最高の性能を追求したものではなく、むしろミニマムな
構成で低コストを目指したものものだったから、というものもあります。MOS
Technology が 6502 を作るときに目指したものの中で最も重要なのは製造コストの
低減だったのです。もちろんその目的は、販売価格を極限まで抑えることにあり
ます。その背景には、6502 の開発者たちが、それ以前に販売されていたインテル
の 8080 や、モトローラの 6800 といったプロセッサーの価格が高過ぎると感じてい
たということがあるでしょう。実際に、一般の人が趣味でプロセッサーを購入して、
自分なりのコンピューター（つまりマイコン）を設計して組み立ててみようという
気を起こさせるのには、高い値段でした。もちろん、当時のマイクロプロセッサーは、
一般ユーザーを念頭に置いて開発されたものではなく、何らかの業務で使う計算機
や、機械類の制御用の組み込み用途が主なターゲットだったと思われます。業務用
であればコストが重要なことは言うまでもありません。6502 は、先行するプロセッ
サーの数分の 1 の価格を目指したと言われています。それによって、それまでのプ
ロセッサーよりも広く普及することを狙ったのです。
　そうして低価格の 6502 が登場したことで、他のメーカーも、それなりに対抗でき
るよう、プロセッサーの価格を下げざるを得ないという状況が生まれました。それ
により、業界全体としてマイクロプロセッサーの普及が促進されたことは間違いな
いでしょう。それにともなって用途も拡大し、業務用としてだけでなく、一般のユー
ザー、つまり電子工作的な趣味で当時最新鋭のマイクロプロセッサーを使ってみよ
うという人にも普及し始めたのです。最初は同好会のような形で趣味を同じくする
人が集まり、成果を見せ合って自慢し合うような草の根的な活動から始まったよう
です。やがてそうした中から、Apple に代表されるようなパーソナルコンピューター
のメーカーが生まれたのです。さらにそれが発展して、もともとの電子機器メーカー
や、もっと大型のコンピューターメーカー、あるいはゲーム機メーカーも加わって、
工業製品としてパソコンを製造販売するというパソコン業界が形成されていきまし
た。そこから先の発展については、ここで取り上げる必要はないでしょう。そうし
た大きな動きの最初のきっかけとなったのが、6502 の登場だったと見ることもでき

るはずです。そこまで含めて考えれば、6502の果たした役割は非常に大きいと言えます。歴史の中での6502の存在は、まだまだ過小評価されていると思えてなりません。

　客観的に見て、6502が果たした役割は、最近の言葉で言えば一種の価格破壊ということになるでしょう。ただし、それは単に価格も低いが品質（機能、性能）も低いといった、貧弱な廉価版的なものを作ることによって価格を下げたというわけではありません。確かに、プロセッサー内部の回路規模を縮小し、機能を削ることで、製造コストを下げたのは間違いありません。しかし、それだけではなく、当時は6502以外のプロセッサーには見られないような光る特長も持ち合わせていました。それは、ハードウェアにもソフトウェアにも言えることです。

●ミニマリストのプロセッサー

　6502の設計上の特徴については、本書の第2章以降で詳しく述べますが、ここでは主なものを取り上げて、概要を示しておきましょう。

　まず、上で述べたように回路規模を縮小したことにより、レジスターの数は極限まで減らされています。しかも、メモリのアドレス空間は16ビットなのに、プログラムカウンター以外は16ビットレジスターが1つもないという設計になっています。プログラムカウンターとは、プロセッサーが機械語プログラムを実行する際に、次の命令を読み込むアドレスを示すレジスターです。他のプロセッサーも含めて、一般的にジャンプ命令以外では、ユーザーのプログラムが自由に使うことのできないものです。6502に先行する8ビットプロセッサーでも、6502の後に出た8ビットプロセッサーでも、プログラムカウンター以外に16ビットレジスターを備えていないというものは、ちょっと思いつきません。他のプロセッサーで機械語プログラミングの経験のある人なら、そんなことを言っても、スタックポインターは16ビットだろうと思うはずです。スタックポインターは、レジスターの値を一時的にメモリに退避したり、別の場所のプログラム、つまりサブルーチンを呼び出す際の戻りアドレスを記憶しておくためのメモリアドレスを指し示す特殊なレジスターです。16ビットのメモリアドレスを示すのですから、16ビットが必要なはずです。しかし6502では、スタックポインターも確かに8ビットしかないのです。それでどうやってスタックポインターの役割を果たすのかと疑問に思われる方は、本書の第3章をご覧ください。

　削減されているのはレジスター類だけではありません。命令セットも、困らない程度に可能な限り省略されています。そのため、命令の対称性が損なわれている部分も多々あります。どういうことと言うと、あるレジスターに対しては使える命

令でも、別のレジスターには使えないものがあるということです。といっても、一般的にプログラミングに使えるレジスターは、アキュムレーター（Aレジスター）以外に、XとYという8ビットのインデックスレジスターがあるだけなので、非対称とは言っても大したことはありません。もちろん機械語のプログラミングでは、いろいろと制限は出てきますが、人間側の工夫で対処できるようなものばかりです。それによって、プログラムの実行速度が大幅に損なわれるようなことがあるなら問題ですが、特にそのような顕著な例はなさそうです。むしろ、プロセッサーの都合に合わせてプログラムを書くことで、制限の緩いプロセッサーよりも効率的な実行が可能となるような印象すらあります。

　プロセッサーの命令の種類が制限されていると言うと、その特徴が名前の由来にもなっているRISC（Reduced Instruction Set Computer）プロセッサーを思い浮かべる人もいるでしょう。実際に6502の設計がRISCプロセッサーに影響を与えたという説もあるようですが、正直それはちょっとどうかなと思います。共通なのは、命令数が同時期の他のプロセッサーに比べて比較的少ないということくらいで、アーキテクチャはまったく違います。RISCの場合、基本的に1命令は1クロックで実行できるよう、パイプライン処理という、多段階の同時並列処理を実行していますが、6502にはまったくそのような特徴は認められません。実行サイクル数（命令を読み込んでから実行し終わるまでに必要なクロックの周期）は、命令の種類によってまちまちで、1つで数サイクルを要するような命令も珍しくありません。6502で実行速度が速いプログラムを書くには、命令の実行サイクル数を意識して、できるだけ少ないサイクルで実行できる命令を選ぶといったようなテクニックも必要だったのです。

●6502に依存しているApple IIの設計

　ここまでは、プロセッサーを構成する回路を簡略化したことが、6502の最大の特徴であり、それが6502の存在意義ですらあるというようなことを書きました。しかし、6502の回路は省略されたものばかりではありません。当時の一般的なプロセッサーに比べて、むしろ増強されている部分も見受けられます。

　まずハードウェア的には、クロック発生回路を内蔵していることが挙げられます。ただし、これは外部からクロック入力しなくても動作するという意味ではありません。プロセッサーには外部から一定周期（当初は1MHz）のクロックを入力します。するとプロセッサー内部のクロック発生回路によって、周辺回路が利用できる

クロックが出力されるのです。このあたりは、第 5 章で Apple II のハードウェア
とともに詳しく取り上げています。この機能によって、6502 と周辺回路は完全に
同期して動作することができます。その結果、無駄な待ち時間などを発生させずに、
効率的に動作するシステムを比較的容易に設計することができます。しかもそれを
少ない周辺回路で実現できるのです。

　そうした 6502 の設計の恩恵を巧みに汲み取り、無駄のない設計で最大のパフォー
マンスを発揮することに成功したシステムの代表が Apple II なのです。それにつ
いても第 5 章で詳しく解説していますが、Apple II では、6502 というプロセッサー
と、当時としては多彩で強力なグラフィック機能を実現するビデオ回路とが、ほぼ
対等な関係で動いています。それにより、プロセッサーとしての 6502 がフル速度
で動作しながら、ビデオ回路もまったく滞りなく RAM にアクセスしてビデオ信号
を出力し続けることができます。現在の感覚からすれば、当たり前のことに思える
でしょうが、当時としては、そのような動作ができないシステムは珍しくなかった
のです。それを Apple II が実現できたのは、プロセッサーに 6502 を採用し、その
設計意図を最大限に活用したからに他なりません。Apple II の場合、6502 に依存
しているとさえ言える設計が施されているのは間違いありません。

　またソフトウェア的に見ても、6502 はゼロページを中心とした、当時として
かなり強力なアドレッシングモードを備えています。ゼロページというのは、メ
モリのアドレスで言うと、$0000 ～ $00FF までの 256 バイトのことです。当時は、
16 ビットアドレスの上位バイトが同じで下位バイトだけが異なる連続する 256 バ
イトの範囲をページと呼ぶ習慣がありました。ちなみにゼロページに続く第 1 ペー
ジは、$0100 ～ $01FF ということになります。6502 は、このメモリのゼロページ
を、あたかもプロセッサーのレジスターのような感覚で使うことができるようなア
ドレッシングモードを用意していました。8 ビットのレジスターなら 256 本、16 ビッ
トのレジスターなら 128 本分となるので、かなり使いでがあります。これだけでも、
回路構成を簡略化してプロセッサー自体のレジスター構成を極限まで削った欠点を
補って余りあるものでした。

　Apple II では、このゼロページを単なるレジスターの拡張としてだけでなく、一
種のシステム変数としても利用していました。ROM に内蔵するシステムモニター、
そして整数型の 6K BASIC、浮動小数点が使えるマイクロソフト製の 10K BASIC、
さらにはフロッピーディスクを利用可能にする DOS など、Apple II の主要なシス
テムソフトウェア群は、みなゼロページを有効に活用し、少ないコード量で最大の
効果を発揮するように作られていたのです。もちろん、ユーザーのプログラムも、

ゼロページを利用できるように配慮されていました。このあたりも第6章で詳しく
解説しています。

●6502を採用した初期の製品

今ざっと述べたように、Apple II は 6502 の特徴を最大限に活かしていただけ
でなく、ハードウェアもソフトウェアも 6502 でなければ実現できないような設計
になっていました。実際に 6502 を搭載した製品の中では、最も大きな成功を収め
たのが Apple II だったと言えるでしょう。しかし言うまでもなく、6502 自体は
Apple II のために設計されたプロセッサーではなく、あくまで汎用のマイクロプ
ロセッサーです。他にも 6502 を採用した製品は数多く存在しました。それを知る
と、他の製品は Apple II の成功を見て、Appple II の巧みな利用法を研究してから、
6502 の採用に踏み切ったのだろうと思われるかもしれません。確かにそういう製
品もあったにはあったでしょう。ただし、6502 を最初に採用したのが Apple II だっ
というわけでもないのです。

まず、一般向けではないとしても、6502 を搭載して販売された製品として挙げ
られるのは、6502 自体の開発元の MOS Technology の手による評価、開発用のボー
ド「KIM-1」です（写真1）。

写真1:MOS Technology KIM-1

　これは、機械語コードやデータを直接入力するテンキーと、1行、6桁（アドレス4桁＋データ2桁）の7セグメントディスプレイを備えたもので、1976年に登場しました。日本の製品で言えば、ほぼ同時期にNECが発売したTK-80のような雰囲気のものとなっています。

　また、Synertek社も6502を搭載した「VIM-1」と呼ばれる開発用のボードを発売しています（写真2）。

写真2:Synertek VIM-1

　これは、後にSIM-1と呼ばれるようになったようですが、登場した年代は本家のKIM-1よりも早い1975年とも言われています。しかし、まだSIM-1となっていないVIM-1の基板のシルク印刷に「1978」という表示があることから、本当に1975年に登場していたのかどうかは疑わしいような気もします。このVIM-1の基板にはディスプレイが付いていませんが、実はオシロスコープを接続して、その画面に32文字までの英数字を表示する、というユニークなディスプレイ機能を備えていたようです。それも含めて、完全に開発者向けの製品でした。

　また、タイプライターのようなキーボードを備えた、パーソナルコンピューターの原型のような形の開発者用のシステムも作られました。Rockwell社の「AIM 65」です（写真3）。

　これはデザイン的にも優れていて、初期のパソコンだと言われれば、信じてしまいそうな形状に仕上がっています。登場したのは1978年です。やはり7セグメントのディスプレイを、キーボードのすぐ上の部分に備えています。また本体上面には、幅の狭いものながら、プリンターも内蔵するなど、開発者向けとはいえ、かなり完成度の高いものとなっていることが分かります。

写真3:Rockwell AIM 65

　ここでは、本家の MOS Technology 以外で、6502 の開発向け製品を発売した 2社、つまり Synertek と Rockwell の製品を取り上げましたが、これらの会社は、その後 6502 に対して非常に重要な役割を果たすことになります。それについても第 2 章で述べることにします。ただし、ここでこれら 2 社の製品を取り上げたのは、それを意識してのものではありません。早くから開発キットを開発するといった、6502 に対する並々ならぬ関心があったからこそ、その後の関係が発展していったと考えるべきでしょう。

　一方、一般向け（といっても、当時はかなりのマニアが対象ですが）の製品として 6502 を最初に採用した製品の中で有名なものを挙げれば、やはり「Apple I」ということになるでしょう。初期の開発用キットとほぼ同時期の 1976 年に発売されました（写真 4）。

写真4:Apple I

　Apple I はむき出しの基板だけで発売された製品で、購入した人は自分で電源を用意したり、外付けのキーボードやディスプレイを接続したりして動作環境を整えなければ使えませんでした。その点では、上で述べた開発キットと大差ないようにも思えますが、中身はだいぶ違います。その違いの最大のものは、ビデオ出力回路

を内蔵していることです。まだ40字×24行のテキスト表示だけでしたが、CRT
モニターを接続することで大きな画面に出力することができました。RFモジュレー
ターを利用すれば、ビデオ信号をテレビの電波と同じ周波数に変換して、家庭用の
テレビに写すことも可能でした。

　6502を搭載した完成品としてのパソコンが登場したのは、1977年になってから
です。まず同年1月には、「Commodore PET 2001」が発売されます（写真5）。

写真5:Commodore PET 2001

　この製品は、6502を採用した最初の本格的なパーソナルコンピューターと言っ
ても良いでしょう。タイプライター配列ではないものの、アルファベットも入力可
能なキーボードやCRTモニターだけでなく、プログラムやデータの記録用のカセッ
トテープレコーダーまで内蔵したオールインワン型となっています。少なくとも外
観の完成度は最初からかなり高いものでした。製品名に含まれる「2001」には、特
に機能的な意味はないでしょう。この数字によって、なんとなく未来的な雰囲気
を醸し出そうとしたものと考えられます。有名なSF映画「2001年宇宙の旅」が公
開されたのは1968年のことで、大ヒットを記録し、知名度も非常に高かったため、
当時2001という数字は未来を強力に暗示するものだったのです。このあたりの命
名センスを見ても、これが開発者を対象にした業務用ではなく、明らかに一般ユー
ザーに向けた製品であることが分かります。このPETを発売したCommodore社が、
結局はMOS Technologyを買収することになるのですが、それについても第2章
に譲ることにします。

　Commodore PETから半年近く遅れた1977年6月に発売されたのが、本書のも
う1つの主役、Apple IIです（写真6）。

写真6:Apple II

　Apple II については、本書の第 5 章以降で、これでもかというほど詳しく解説し
ているので、ここで言っておくべきことは特にありません。ほぼ同時期に発売され
た PET と比べると、キーボードこそ内蔵しているものの、CRT モニターなどは外
付けとなっていて、一般ユーザー向けの製品としての完成度は低いのではないかと
思われるかもしれません。しかし、Apple II に内蔵された機能を知れば、それは見
かけだけのことで、Apple II の方がかなり完成度が高く、その後のパソコンの発展
の方向を指し示すような内容さえ盛り込まれたものであると納得できるでしょう。

　例えばキーボードにしても、タイプライターと同じ配列のものを採用しています。
これは、機械語プログラムよりも BASIC でのプログラミングを重視したものと考
えられますが、さらに一般ユーザーは、プログラミングだけでなく普通の英文を入
力する事務的な使い方をするようになることを見越したものかもしれません。実際、
後には Apple II 上で動作するワープロソフトが、各社から登場することになります。

　そして、Apple I とは異なり、文字だけでなく、低解像度と高解像度、2 種類の
カラーグラフィックの表示も可能となっていたのも特筆すべきことです。ディスプ
レイを内蔵せず、外付けとしていたことは、むしろメリットだと感じられます。比
較的安価なモノクロモニターにも、RF モジュレーターを介して家庭用のカラーテ
レビにも接続して、それぞれ用途に応じた使い方ができるからです。また、完全に
ソフトウェアによってコントロール可能なスピーカーや、ゲーム用のコントロー
ラー接続ポートを内蔵していたのも重要なポイントです。そうしたすべての特徴
が、その後のパーソナルコンピューターのゲーム機としての機能の発展につながり、
ゲーム専用機の登場を促したとも考えられるからです。

　さらに言えば、Apple II 本体ハードウェアの回路図や、ROM として搭載したモ

ニター ROM のソースコードなどを積極的に公開するオープン指向を最初から採用していたことも重要です。それが、Apple 製品に限らず、その後のパソコン業界の発展の可能性を開拓し、大きく拡げることになったと言えるでしょう。ハードウェアとソフトウェアの両面で、メーカーでもユーザーでもない第3者、つまりサードパーティが、Apple II の機能を拡張するハードウェア製品や、アプリケーションソフトウェアを開発して販売することを、ビジネスとして可能にする素地を築くことになったからです。

●6502を採用した製品の発展

　Apple II の中身を見ていると、6502 は Apple II という非常に完成度の高い製品によって活用し尽くされたような気さえしてきます。しかし、当然ながら 6502 を採用した製品は、Apple II 以降にも、いろいろなメーカーから登場します。特に、コストが非常に重要な家庭用のゲーム専用機に採用された例を多く見ることができます。しかし、その際の使われ方は、Apple II までのようなものとは、少し違った形になっていました。というのは、6502 の完成品をそのまま使って、そこに周辺回路を加えてハードウェアを構成するのではなく、いわば 6502 の CPU コアを利用し、それに加えて必要な回路を組み込んだカスタムチップを作成して利用するという方法です。もともと回路規模を極限まで小さく設計した 6502 は、そうした使い方にも適していたからでしょう。

　1つだけ例を挙げるとすれば、家庭用ゲーム機として、日本だけでなく世界中で発売され、その後のゲーム機の方向性にも大きな影響を与えた任天堂の「ファミリーコンピュータ」をおいて他にないでしょう。ファミコンが、CPU に 6502 を採用していることは有名です。しかし、その 6502 はオリジナルの MOS 6502 ではありません。6502 のコアにサウンド発生機能などを組み込んだカスタムチップで、日本のリコーが製造した RP2A03 というチップでした。クロック周波数も、Apple II の2倍近い 1.79MHz で動作するものでした。このファミコンが発売されたのは、日本では 1983 年のことです。Apple II よりは世代的にかなり後のものですが、むしろその時点まで 6502 が生き残り、さらに発展を続けていたことは驚きに値します。もちろん、当初の設計時に、そこまで見越していたわけではないでしょうが、ある意味極限の設計を施したものだったからこそ、元の設計者の意図を超えた応用が可能だったものと考えられます。

　一方 Apple II も、シリーズとして、その後いろいろな製品が発売されますが、

そこでも一貫して6502系のCPUが採用されました。当初のApple IIと比べてハードウェア的にはほとんど違いのないApple II plusやApple II j-plusはもちろん、1983年に登場したApple IIeまでは、クロック周波数も含めて、ほとんどオリジナルと変わらない6502が使われていました（写真7）。

写真7:Apple IIe

　ただしApple IIeの場合は、後半からCMOS版の65C02が使われたようですが、性能的には何も変わりません。初代のApple IIの発売から6年後の新製品に、よくも基本的に同じ性能の同じCPUを使ったものだったと感心せざるを得ません。これは、Appleの怠慢というよりも、それだけ6502とApple IIの完成度が高く、かつ強固な市場が形成されていたことを物語っていると考えるべきかもしれません。
　翌1984年には、Apple IIeを大幅に小型化して、フロッピーディスクドライブまで内蔵したApple IIcが発売されます（写真8）。

写真8:Apple IIc

　ここで採用されていたのは、CMOS版の65C02で、これもクロック周波数は当初と変わらない1.023MHzでした。つまり、性能的にも基本的に7年前と同じものということになります。この製品の場合、従来のApple II用の拡張カードは使えず、ハードウェア的な拡張性は大幅に限られていました。これは、Apple IIシリーズ用に開発された、主にサードパーティ製の膨大なソフトウェア資産を活かし続けるためだけの、ある意味レトロ指向の製品だったと言えるでしょう。

　Apple IIシリーズとして新しい方向に歩みだしたと言えるのは、ようやく1986年になって登場したApple IIGSです（写真9）。

写真9:Apple IIGS

　この製品が採用したのは、6502ではなく、65C816という16ビットのCPUでした。これは本来の16ビットCPUとしてだけでなく、8ビットの6502としても動作するという2面性を持ったものです。このCPUの採用が、基本的にはまったく別のコンピューターであるApple IIGSを、Apple II互換モードでも動作させることを可能にするのに一役買っていました。面白いことに、この65C816は、任天堂のファミコンの後継機「スーパーファミコン」も採用しています。つまり、Apple IIのCPUである6502の一種をファミコンが採用し、Apple IIの後継機Apple IIGSのCPUである65C816を、ファミコンの後継機スーパーファミコンが採用したのです。単なる後追いのようにも見えますが、CPUの選択は、それほど単純な要素だけで決められるものとは思えません。そこには、なんらかの因縁のようなものを感じざるを得ません。

1-2 | 現在の6502に関する活動

●6502をリバースエンジニアリング

　6502 は、8 ビットプロセッサーの中でも、いろいろな活用のバリエーションの範囲が広く、それを含めた寿命も長かった方だと言えるでしょう。もちろん、6502系のプロセッサーを採用した製品で、今でも現役で活躍している機器もあるはずです。とはいえ、現在 6502 のコアを利用して開発中のプロセッサーや、6502 系のプロセッサーを採用した製品が、今後新たに登場することは、ほとんど考えられません。

　それでも世の中には、6502 に関して細々ながら継続している活動もあります。その 1 つの発端となっているのが、「Visual Transistor-level Simulation of the 6502 CPU」です。これは、6502 を肉眼で見えるトランジスターレベルでシミュレートしよう、といった意味です。簡単に言えば 6502 のリバースエンジニアリングの一種ですが、その手法は独特なものとなっています。それは、6502 のチップを分解してダイをむき出しにし、それを顕微鏡で撮影して元の回路図を復元しようというものです。撮影した結果は、あくまでも画像であり、そこから自動的に回路図が読み取れるわけではないので、そう簡単な手法でもないでしょう。ただし、トランジスターの位置や配線だけは正確に読み取れるはずなので、復元がうまくいけば、元とほとんど違わない回路図が得られるはずです。

　この活動の趣旨や成果は、ウェブサイト（http://visual6502.org/welcome.html）に公開されています（図1）。

図1:Visual Transistor-level Simulation of the 6502 CPUのサイト

　6502 に関しては、ほぼ完璧な回路図の復元に成功し、機能の配置を解析した画像も公開されています（口絵１）。さらに復元された回路図を元にソフトウェア（JavaScript）でシミュレーションを実行できるウェブページも用意されています（図２）。

図2:JavaScriptで6502の動作をシミュレートし、内部状態を視覚的に表示するページ

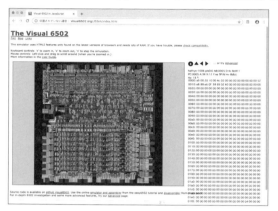

　このページでは、丸の中に右向き三角マークのある「再生」ボタンをクリックすると、6502 の機械語プログラムが動作しながら、内部の回路の電圧の変化がアニメーション表示され、同時にメモリ内容が変更されていく様子も確認できます。このシミュレーターのソースコードも、GitHub（https://github.com/trebonian/visual6502）で公開されています。

　このプロジェクトは、サイトの名前からも分かるように、もともと 6502 をターゲットにしてスタートしたものですが、今では Motorola 6800 や同 68000 など、他のプロセッサーや、プロセッサー以外の LSI にも手を広げているようです。ここで最初に 6502 が選ばれたのは、8 ビットプロセッサーとしては回路規模が小さく、解析しやすそうだという見通しがあったからかもしれません。しかしそれ以上に、6502 が、そこまでの手間をかけても解析してみたいと思わせるプロセッサーだったという理由のほうが大きかったのではないかと思われます。それがうまくいき、満足できる成果が得られたので、他のチップにも手を拡げることにしたのでしょう。

●6502を巨大なハードウェアで再現

　先の「Visual Transistor-level Simulation ...」のプロジェクトのゴールは、回路
図を復元した後、その動作をソフトウェアによってシミュレートすることでした。
そのようにして復元した回路図から、新たに6502を作ってみようというのが「The
MOnSter 6502」というプロジェクトです（図3）。

図3:The MOnSter 6502のサイト（https://monster6502.com/）

　先の Visual 6502 プロジェクトの成果を利用していますが、それとは独立して立
ち上げられたプロジェクトです。その名前は、もちろん「MOS 6502」をもじった
ものですが、同時にこのプロジェクトの方向性を表しています。復元された回路図
から元の6502と同じ大きさのLSIを作っても、単にコピーを作成するだけで大き
な意味はありません。このプロジェクトでは、肉眼で見え、手で触れることのでき
るサイズのトランジスター（チップトランジスター）によって、6502のダイに刻
まれた回路を復元して、実際に電流を流して動かそうというものです。当然ながら
「ダイ」サイズは巨大なものになり、消費電力は桁違いに大きくなります。また回
路の静電容量の増加によって動作速度も遅くなりますが、そんなことはどうでも良
いのです。とにかく肉眼で見える6502の回路に、実際に意味のある動作をさせる
ことが重要で、ソフトウェアによるシミュレーションでは到底得られないえない感
動を味わうことができるのです。

　実際の動作は、やはり本物よりもかなり遅く、今のところ最大のクロック数は 50KHz ということなので、元の 1/20 の速度ということになります。この MOnSter 6502 から 6502 と同じ配置の 40 ピンのコネクターの付いたケーブルを伸ばして、6502 を使用するコンピューターに接続すれば、速度は 1/20 ながら、本物と同じように動かすことも可能です。これはボードの開発用に使う ICE（In-Circuit Emulator）のような使い方ですが、このプロジェクトでは、これを ICR（In-Circuit Replica）と呼んでいます。ただし、他のコンピューターでは動いても、Apple II では動かないということです。それは、Apple II がビデオ回路の動作のタイミングなど、6502 のクロック信号に依存した設計を採用しているためです。その理由は本書の第 5 章を読めば、理解していただけるでしょう。こんなエピソードからも、6502 と Apple II との密接な関係が分かって、非常に興味深いものが感じられます。

　6502 としての動作に関わるトランジスターの数は 4237 個で、これはオリジナルの 6502 とまったく同じになっています。ただし、これをそれなりのサイズの電子回路として動作させるために、オリジナルの 6502 には含まれない部品も付加されています。その中で最も目立つのは、6502 の動作状態を表示する LED で、313 個も使われています。これがなければ、いくら正確に 6502 の動作が再現できたところで、外から見ただけでは何がどうなっているのか分かりません。この LED は、実際に 6502 を動かしているという実感を得るために不可欠なものなのです。その LED をドライブする MOSFET や抵抗、電子回路として安定した動作をさせるためのコンデンサーなども追加されていて、部品数は全部で 4769 個にもなっているということです。

　それらの部品は、正方形よりもちょっと横長の、12 × 15 インチの両面基板の上に実装されています。メートル法に直せば、305 × 381mm ということになります。展示用にはちょうどいい大きさでしょう。面積にすると、オリジナルの 6502 のダイの 7000 倍に相当するということです。とはいえ、プロセッサーとしてはかなり回路規模の小さな 6502 だからこそ、その大きさに収まっているわけです。仮に 68000 を同じような手法で作ると、面積は 1.7 平方メートル程度になると、プロジェクトでは試算しています。正方形のボードとすれば、ざっと 1.3 × 1.3m という、かなり大きなものになります。物理的な制約を考えると、ちょっと実現は難しいでしょう。さらに、現在のプロセッサーではどうかという試算もあります。例えば Apple の A8X という、ちょっと古い世代の RISC プロセッサーでも、トランジスターの数は 30 億個程度あり、MOnSter 6502 と同じ手法で再現すると、面積は 8 万 2220 平方メートル程度になるそうです。正方形とすれば、1 辺の長さは 284m

程度になります。よく言われる「東京ドーム何個分」という表現を使えば、2 個分近く（1.75 個分）にもなります。これはもう間違いなく実現不可能です。このような数字を見ると、現在のプロセッサーの集積度が、いかに高くなっているのかを実感できるだけでなく、簡潔な 6502 の清々しさのようなものを感じる思いがします。また、このような一見すると荒唐無稽なプロジェクトでも、6502 でなければ実現できないことがあるのだということを、改めて認識することにもなります。

　この MOnSter 6502 プロジェクトは、今のところ実験的なもので、完成したボードはまだ市販していません。ただし、将来は市販したいという考えもあるそうで、その場合の価格は 2000 ～ 4000 ドルの間くらいになりそうだという試算もしています。日本円にすれば、本書の執筆時点では、だいたい 22 万～ 44 万円といったあたりになるでしょう。プロジェクトのページ（https://monster6502.com/）からメーリングリストに登録すれば、販売可能な製品化についての最新情報をアップデートしてくれるとのことです。

1-3 エミュレーターで蘇る6502とApple II

●いろいろなApple IIエミュレーター

　現在では、オリジナルの6502を入手して、動作するような周辺回路を組み立て、実際に動かしてみることは不可能ではないとしても、いろいろな困難に見舞われることが予想され、あまり現実的なチャレンジではないと思われます。このあたりは、やはりマイナーなプロセッサーの弱点と言えるかもしれません。しかし、現在のパソコン上で動作するエミュレーター上でなら、6502を動作させて、いろいろと実験することも容易にできます。

　先に紹介したVisual 6502のシミュレーターでも良いのですが、やはり6502を動かしてみるには、Apple IIというプラットフォームを使うのがベストでしょう。本書の第7章で具体的な使い方も解説していますが、Apple IIには、6502の逆アセンブラーだけでなく、ミニアセンブラーも含まれているからです。これで、少なくとも学習段階であれば、6502についてあれこれと試し、機械語プログラムについて学ぶのに十分過ぎるほどの環境が得られます。もちろん、Apple II本体を入手して動かしてみてもよいのですが、さすがに40年前後前の機種なので、良い状態のものを入手するのは難しいものがあります。そこで、Apple IIのエミュレーターを動かせば、当然ながら6502のエミュレーターも含まれているため、まさに一石二鳥で、必要な環境が一発で揃ってしまいます。

　Apple IIのエミュレーターは、世の中にいろいろと存在します。ここではその中から、Windowsマシン上で動くもの、Mac上で動くもの、そして機種を問わずウェブブラウザー上で動くものの3種類を紹介します。

　まずWindows上で動作するApple IIエミュレーターとしては、古くから「AppleWin」が知られています。スタンダードのApple IIに加えて、Apple II plusやApple IIeもエミュレートできます。もちろん、フロッピーディスクドライブなどの周辺機器も含めてエミュレートできるので、Apple II用のソフトウェアも一通り動作させることができます。Windows用のジョイスティックをApple IIに認識させて、ゲームを動かすことも可能です。現在では、GitHubにソースコードも公開され、オープンソースのソフトウェアとして開発が続けられているという安心感

もあります（図4）。最新の Windows 10 上での動作も確認できました。

図4:AppleWin の GitHub ページ（https://github.com/AppleWin/AppleWin）

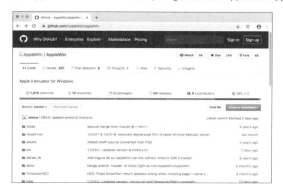

　Mac 上で動作する Apple II エミュレーターとしては、「Catakig」というものが
あります。こちらは、Apple II、Apple II plus、Apple IIe、さらに Apple IIc まで
エミュレートできます。ホストマシンとしての Mac は、古い PowerPC を搭載し
た機種から、最近の Intel CPU 搭載の Mac まで、幅広くサポートしています。た
だし、このエミュレーター自体の開発が 2006 年あたりで止まってしまっているの
で、Mac の OS が新しいと、動作させるのが辛いかもしれません。またこのエミュ
レーターを動作させるためには、ターゲットとなる Apple II の ROM の内容をファ
イルとして用意する必要があります（図5）。

図5:Mac 用 Apple II エミュレーター Catakig のページ（http://catakig.sourceforge.net/）

　最も手軽に使える Apple II のエミュレーターと考えられるのは、ウェブブラウ
ザー上で動作する「Apple II js」です（https://www.scullinsteel.com/apple2/）。ウェ

ブブラウザー上で動くということは、エミュレーター自体が JavaScript で書かれているということで、動作が遅いのではないかと心配になるかもしれません。しかし、そんな心配はまったく不要です。現在のパソコン上で動作するウェブブラウザーなら、たいてい本来の何倍もの速度で Apple II を動作させることが可能でしょう。もちろん、本来の Apple II と等速動作となるように制限することも可能です（図6）。

図6:ウェブブラウザー上で動作するApple IIエミュレーターApple II js

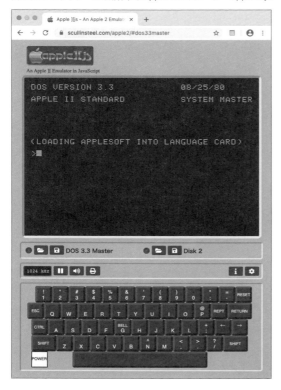

　エミュレーションのターゲットとしてサポートしているのは、スタンダードの Apple II に加えて、Apple II plus と Apple II j-plus となっていますが、実はApple IIe のエミュレーターも別のページとして公開されています（https://www.scullinsteel.com/apple//e）。どちらのエミュレーターも、表示が小さくなったり、画面からはみ出してしまったりすることを我慢すれば、スマートフォンのブラウザーでも動作するはずです。最近のタブレットであれば、表示もパフォーマンスも

問題ないでしょう。キーボードも含めて画面上でエミュレートしているので、そうしたポータブルデバイスでも何の苦もなくキー入力が可能です。ただし、モバイルデバイス用のOSのサンドボックス環境では、フロッピーディスクのイメージファイルのロードに問題が出る可能性があります。それでも、本書の第7章で取り上げているモニターROMコマンドの動作には、まったく問題ないので、6502について学ぶには十分です。

　ウェブブラウザー上で動作していることの欠点として考えられるのは、そのエミュレーターのページをホストしているサイトがなくなってしまったら、突然使えなくなってしまうということくらいです。しかし、このエミュレーターのソースコードも、GitHubで公開されているので安心です（https://github.com/whscullin/apple2js）。ローカルの環境用にビルドすることもできるので、心配なら自分用の動作環境を確保しておくこともできます。

　Apple II自体の操作に慣れていない人も念頭に、次にこのApple II jsの使い方を簡単に示しておきましょう。

●Apple II jsの使い方

　Apple II jsのサイト（https://www.scullinsteel.com/apple2/）を開いても、初めて起動した際には画面の上部に「APPLE][」という表示が見えるだけで、止まってしまうかもしれません。これは不具合というわけではなく、言ってみれば本物と同じ動作なのです。ただ、フロッピーディスクのドライブに何も入っていない状態で、それを読みにいっているので、そのままではいつまで待っても先に進みません（図7）。

図7:最初にApple II jsを起動するとタイトルを表示して止まる

　よく見ると、「Disk 1」という表示の左側の赤いLEDが点灯したままになっていることに気付きます。これが空のドライブを読みにいっていることを示しています。

　そこで、ここでは読み込むフロッピーディスクを指定してやりましょう。赤く点灯しているLEDの右側にあるフォルダーアイコンのボタンをクリックします（図8）。

図8:ディスクのフォルダーアイコンのボタン（Load Disk）をクリックする

　すると、フロッピーディスクを選択するダイアログが開くので、左側のコラムから「System」グループをクリックして選び、右側のコラムから「DOS 3.3 Master」をクリックして選択してから、「Open」ボタンをクリックします（図9）。もちろん他のフロッピーを選んでも構いません。いろいろなものが用意されているので、順に試してみると良いでしょう。

図9:「System」の「DOS 3.3 Master」を選んで開く

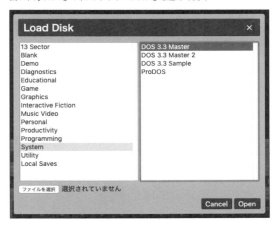

　読み込むディスクを選ぶと、そのまま読み込み動作が始まり、しばらく待つと DOS のディスクの読み込みが完了して「]」のようなプロンプトが表示されます（図10）。

図10:DOSのディスクの読み込みが完了すると10K BASICが起動する

　これは 10K BASIC が起動した状態です。ここから先の操作方法は、第7章でも詳しく解説しています。例えば、ここからモニターを起動するには「CALL -151」とタイプして「RETURN」キーを押します。するとプロンプトが「*」に変わるので、モニターが起動したことが分かります（図11）。

図11:BASICのプロンプトから「CALL -151」と入力してモニターを起動する

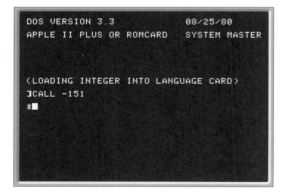

　ここまでの操作ができれば、本書で取り上げているモニターの操作には支障はないでしょう。

　ついでに、このエミュレーターの設定機能についてもざっと見ておきましょう。オプションダイアログを開くには、キーボードの右上あたりにある歯車のアイコンのボタンをクリックします（図12）。

図12:設定を変更するために「Options」ボタンをクリックする

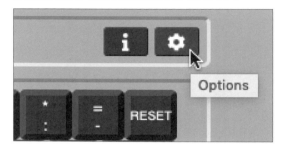

　すると、「Options」というダイアログが開き、エミュレーターの設定をあれこれと変更できるようになります（図13）。

図13:エミュレーターの設定を変更できる「Options」ダイアログ

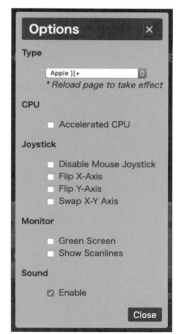

　いちばん上にある「Type」のポップアップメニューでは、エミュレートする
Apple II のモデルを選択できます（図14）。

図14:エミュレートするApple IIのモデルを選択する「Type」メニュー

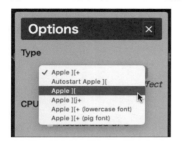

　ここでは、デフォルトの「Apple II+」のほか、スタンダードの「Apple II」や
日本向けの「Apple IIj+」、それらのバリエーションを含めて6種類の Apple II か
ら選択できます。このメニューの下に書いてあるように、モデルを変更したら、ペー
ジごとリロードすることで、変更を有効にできます。

　「CPU」の「Accelerated CPU」をチェックすれば、本来の Apple II と等速動作
という制限を外すことができます。ただし、その環境が許す最高の速度で動作する
というわけではなく、どうやら4倍程度の速度に制限されているようです。

　「Joystick」は、その環境で使えるジョイスティックをエミュレートする Apple II
に認識させるための設定です。デフォルトでは「Disable Mouse Joystick」のチェッ
クが外れているので、ジョイスティックを接続していなくても、マウスをジョイス
ティック代わりに使える設定になっています。

　「Monitor」は、エミュレーターの画面表示の設定です。「Green Screen」をチェッ
クすると、モノクロのグリーンモニターを接続したような表示になります。緑と黒
しか表示しないので、カラー表示はできません。「Show Scanlines」をチェックす
ると、あたかも CRT モニターに表示するかのように、縦方向に隣り合うドットの
間に微妙な隙間が空くようになります。

　「Sound」は Apple II の内蔵スピーカーの音のオンオフです。デフォルトでは
「Enable」がチェックされているので、音が鳴ります。ウェブブラウザーという性
格上、音を消したい場合にはチェックを外します。なお、音のオンオフは、キーボー
ドの上部にあるスピーカーアイコンをクリックして切り替えることも可能です。

　これだけのエミュレーション機能が、JavaScript と HTML5 だけで実現されてい
ることが信じられないほどよくできたプログラムです。本書で取り上げているモニ

ター ROM の動作を確認するのに十分なことは言うまでもなく、それ以外の使い方
でも、かなり本物の Apple II に迫る動作を再現できるものに仕上がっています。往
年の Apple II ユーザーでも納得できるものと思います。活用して 6502 と Apple II
の世界を楽しみましょう。

第2章
6502誕生の背景

次の章から6502についての技術的な話に入りますが、その前に6502というCPU
が誕生した背景について、この章でざっと述べておきましょう。今では一般ユーザー
用のパソコンでも64ビットのプロセッサーが当たり前の時代になりましたが、6502
登場当時は8ビットのプロセッサーが全盛というより、その一歩手前の状態という
時期でした。言い換えれば、6502以前にも、そして以降にも、いろいろ異なるタイ
プの8ビットCPUが登場しています。パソコン用のマイクロプロセッサーは、8ビット
の次の世代の16ビット以降、早くもかなり淘汰されて種類も少なくなっていく傾向
が見られます。8ビット時代は、百花繚乱というほどでもありませんが、様々に性格
の異なるプロセッサーが次から次へと登場し、いちばん面白かった時代だったと
いう見方もできるでしょう。この章では、そんな8ビット時代の中で、6502の位置付
けを探るべく、まずはその時代前後のさまざまなプロセッサーを概観するところか
ら始めます。

2-1   インテルが作ったマイクロプロセッサーの基礎 ································ 038
2-2   最初から汎用8ビットプロセッサーに的を絞ったモトローラ ··················· 043
2-3   モトローラからMOS Technologyへ ······································· 045

2-1 インテルが作ったマイクロプロセッサーの基礎

●汎用8ビットマイクロプロセッサー登場前夜

　ここでは、主に8ビットプロセッサーに話を絞りますが、各社から8ビットのプロセッサーが登場するようになる前に、4ビットながら、世界初と言われるマイクロプロセッサー、「Intel 4004」があったことには触れなければなりません。他にもほぼ同時期に他社から登場したマイクロプロセッサーはありましたが、この4004は、「汎用」であったことが重要なポイントだっと思われます。この「汎用」という言葉は、その後8ビットの時代以降には、「汎用マイクロプロセッサー」のように、ほとんど一般向けマイクロプロセッサーの枕詞のように使われるようになりました。そのため、この言葉に大きな意味があると感じていた人は少なかったのではないかと思います。しかし、これは重要です。もし、初期に汎用マイクロプロセッサーが登場していなければ、おそらくパーソナルコンピューターは誕生しなかったか、登場がずっと遅れたか、あるいは今とはまったく違う形のものになっていたのではないかと思われるからです。

　ここで言う「汎用」とは、良く言えば「何にでも使える」という意味であり、ちょっと悪く言えば「特に用途が定まっていない」ということになります。つまり、最初から特定の目的を意識して設計されたものではなく、目的はユーザーしだい、周辺回路の構成によって、どのような用途にも利用できるものということになります。とはいえ、その大きな用途の1つが、当時大きなブームを引き起こしたパーソナルコンピューターだったのは確かです。それも最初は結果的にそうなったという感が強く、パーソナルコンピューターで使うことを意識したマイクロプロセッサーが開発されたとしても、途中からのことです。そもそも、パーソナルコンピューター自体が、一種の「汎用」コンピューターであって、特に決まった目的もなく設計されたものです。それを考えれば、汎用マイクロプロセッサーがあったからこそ、パーソナルコンピューターが生まれたと言うこともできるでしょう。少なくとも、両者は非常に相性の良いものでした。

　話を元に戻して、4004についてもう少し付け加えます。4004を作ったのは、今でもマイクロプロセッサーのトップメーカーである米インテル社ですが、実を言うと、最初のプロセッサー4004は、インテルが自らの意思で作ろうとして作ったものではありませんでした。他社から、これこれの計算能力のあるマイクロチップを

作って欲しいという依頼があり、それを受けて基本的な設計から始めて作ったものだったのです。そして、その「他社」とは、日本のビジコン社でした。ビジコン社というのは、当時最新鋭の事務機として使われるようになってきた「卓上電子計算機」、つまり電卓のトップメーカーの1つでした。

　当時の電卓は、完全に電子化されたものでも、まだマイクロプロセッサーは使用していませんでした。なぜなら、そんなものは、まだこの世に存在していなかったからです。その代わり、いわゆるランダムロジックと呼ばれる膨大な論理回路の塊で計算機能を実現したのです。しかし、それでは、ちょっとした仕様の変更や機能の追加でも、複雑なハードウェアを設計し直す必要が出てきて、非常に手間とコストがかかります。そこで、大型コンピューターのように、ハードウェアとソフトウェアの組み合わせで電卓に要求される計算機能を実現しようと考えたのでしょう。そこで必要になるのが、汎用の計算機能、というよりも、ソフトウェアで制御可能な論理演算実行機能を備え、小さく安価なチップとして実現されたマイクロプロセッサーです。しかしビジコンでは、そうしたチップを自社生産することはできませんでした。そこで、インテルに仕様を出して、これこれこういったものを作ってくれと依頼したのです。

　当時のインテルは、今とは比べ物にならない、ずっと小さな会社で、そうした他社の要求によるカスタムチップの設計、生産を請け負っていたのです。しかしビジコン社の要求に応えられるようなチップを設計するには、インテルとしても人材を含むリソースが足りなかったのでしょう。その結果、当時ビジコン社の社員だった嶋正利氏がインテルに出向して、そのチップの設計を担当することになりました。そうして誕生したのがインテル4004というわけです（写真1）。

写真1：4004

　本来は、ビジコン社がインテルに特注して作ったものなので、ビジコン社の電卓専用に使われるはずのものでした。しかし、インテルが、その潜在能力の高さに気付き、特注品としてビジコン社に収めるだけではもったいないと考えるようになったため、ビジコン社の許可を取って、1971年、一般向けにも販売することになったのです。

●8ビットマイクロプロセッサーの時代へ

　インテルの最初期の8ビットプロセッサーの誕生の経緯は、4004にかなり似ています。それも、まだインテルが自ら企画したものではなく、当時コンピューターの周辺機器メーカーだったCTC（Computer Terminal Corporation）社からの依頼で、インテルが設計、製造することにしたものだったからです。ただし、用途は電卓ではなく、コンピューターに接続して文字を入出力するCRTターミナルだったようです。確かに、電卓であれば、入力も表示もほとんど数字だけなので、1桁の数字は4ビットあれば表現できますが、ターミナルでは少なくとも7ビットのASCIIコードを扱わなければならないので、どう考えても4ビットCPUでは不都合でしょう。そして、7ビットというのも半端なので、2のべき乗の8というビット数が選ばれたものと想像できます。

　しかし、このプロセッサーは、特に納期に関してCTCの要求を満たすことができなかったようで、CTCの特注品としては製造されず、4004と同じようにインテル自らが汎用品として販売することになりました。特注品として開発されていた時点では1201という名前で呼ばれていたようですが、1972年に汎用品として販売される際には「Intel 8008」と呼ばれることになります（写真2）。

写真2:8008

　単純に4004の型番を2倍にしただけですね。この8008は、もちろん4004の成功の後を受けたものであり、中味も4004の影響を受けた設計となっていたようです。ただし、このプロセッサーの設計には、嶋氏は直接関わってはいません。

　8ビットプロセッサーと言うと、アドレスバスは16ビットで、64KB（キロバイト）のメモリ空間にアクセスできるものが普通だと考えられていますが、この8008のアドレスバスは14ビットでした。つまり、16ビットには2ビット足りないので、メモリ空間は64KBの4分の1となり、16KBです。用途によってはそれで十分でしょうが、

やはりまだ本格的な8ビットの汎用マイクロプロセッサーのスタイルは確立していないという感じが強いものとなっています。アドレスバスのビット幅だけでなく、レジスターの構成や命令セットの機能などを見ても、後の8ビットプロセッサーに比べるとかなり使いにくそうで、まだまだ発展途上という感が否めないものとなっています。

ところで、この8008は、一般向けに市販されただけに、インテルのカタログに載せられ、定価も付いていました。その価格は120ドルです。1972年当時の為替レートは、だいたい1ドルが300円前後ですから、日本円にすれば3万6000円ということになります。これが高いか安いかは人によって感じ方が違うでしょう。しかし、これを使ってパーソナルコンピューターを作ることを考えると、まだまだかなり高いと思わざるを得ない価格です。その当時、まだパーソナルコンピューターというカテゴリーの製品は、この世に存在していませんでした。もちろん、企業がビジネスのツールとして使うなど、まったく考えられなかった時代です。マイクロプロセッサーは、高価な電卓や、コンピューターの周辺機器など、特定の目的に使うことを意識して設計されたものです。そうしたチップを個人で購入して、何か、つまりパーソナルコンピューターのようなものを作って、趣味として楽しむための素地は、まだ整っていなかったことになります。処理能力が低いのはともかくとして、まだ何ができるのかも分からないチップが1つ3万円以上もしていては、趣味で入手して遊んでみようと思う人は、なかなかいなかったのではないかと思われます。しかも、そのチップを入手しただけではまったく動かすことができず、さまざまな周辺回路や周辺機器を自分で用意し、システムとして設計して製作する必要もあったのです。パーソナルコンピューターのブームの到来どころか、その誕生にも、まだまだ遠かったことがうかがえます。

ここまでのインテル製マイクロプロセッサーが、それほど広く受け入れられたものでなかったことは、8008の後継機となる「Intel 8080」が登場したのが、ほとんど丸2年後の1974年だったことからも、なんとなく想像できます（写真3）。

写真3:8080

しかし、この8080は、このあたりから始まる8ビットマイクロプロセッサー時代をリードし、後の16ビットの「Intel 8086」や、それ以降現在まで脈々と続くインテ

ルのマイクロプロセッサーの基礎を築くような、堅実な製品となっていました。そしてこのプロセッサーの論理設計は、ビジコン社を退社してインテルの社員となった嶋氏が担当していたのです。その意味では、世界初のマイクロプロセッサー 4004 の正統な後継機は、8008 ではなく、この 8080 だったと言うことができるでしょう。パッケージも 40 ピン、アドレスバスも 16 ビットで、8 ビットプロセッサーとしての一般的なカタチを整え、本格的な汎用 8 ビットマイクロプロセッサーの幕開けを告げる製品となりました。

2-2 最初から汎用8ビットプロセッサーに 的を絞ったモトローラ

●インテルの80系に対抗しうるモトローラの68系

　奇しくも8080の発売と同年の1974年には、当時はインテルと並ぶ大手半導体メーカーだったモトローラ社から、「MC6800」と呼ばれる汎用の8ビットマイクロプロセッサーが発売されました（写真4）。

写真4:6800

　インテルのプロセッサーが、いわば電卓用から出発しているのに対し、モトローラの6800は、最初から汎用のプロセッサーを目指し、マイクロコンピューターよりも上位の、ミニコンと呼ばれるカテゴリーのプロセッサーを参考に設計されたと言われています。そのため、ミニコンでのプログラミング経験のある人にとっては、当時のインテルのものより、モトローラのマイクロプロセッサーの方がずっと親しみやすく、かつ洗練されたものに見えたのは間違いないでしょう。

　インテルとモトローラは、8ビット時代だけでなく、その後の16ビット、32ビット時代以降も、対照的な性格のプロセッサーを世に送り出して対抗することになります。また周辺のプロセッサーメーカーをも巻き込んで、インテル系（または80系）、モトローラ系（または68系）という2大勢力を形成し、人気を二分する時代もありました。両社の違いはいろいろありますが、最も代表的なのは、8ビットプロセッサーの場合、16ビットのデータを連続するメモリアドレスに格納する場合の順番が逆だという点です。インテル系では、16ビットを2分割した下位バイトがベースとなるアドレスに入り、上位バイトが、それに続く（＋1した）アドレスに入ります。つまり下位アドレスに下位バイト、上位アドレスに上位バイトのように、言葉で表せば自然な形になります。それに対してモトローラ系では、16ビットの上

位バイトが下位アドレスに、下位バイトが上位アドレスに入ります。言葉で表現すると、交差したような形になり、インテル系に慣れた人には、通常とは逆に見えます。しかし、モトローラ系に慣れた人には、上位バイトから若いアドレスに順に格納していくのが当然という感覚があり、当然ながらインテル系の方が逆に見えます。ここでは両社の系統は歩み寄ることができません。本書の主役、6502 はインテル製でもモトローラ製でもありませんが、中身のアーキテクチャやレジスター構成、機械語の命令体系は、どちらかと言えば、モトローラ系に属します。しかし、16 ビット数をメモリに格納する際の順番だけはインテル系と同様で、下位バイトが先（若いアドレス）で、それに続くアドレスに上位バイトを格納するものでした。この点だけをとっても、6502 はかなり特異な存在ということができるでしょう。

　余談ながら、少し後になって RISC（Reduced Instruction Set Computer）プロセッサーが流行すると、モトローラは IBM や Apple と組んで、パソコン用の RISC プロセッサーの設計製造に乗り出します。その間、インテルはと言えば、中味は RISC 系の技術を取り入れながら、表面的には 8086 を拡張した CISC（Complex Instruction Set Computer）系のアーキテクチャを固持し、パソコン用としては結局は勝利を収めることになりました。これも、さほど昔のことではありません。

C　　　　O　　　　L　　　　U　　　　M　　　　N

エンディアン

　数値をメモリに格納する際のバイト単位の順番は、1 つの数値を 2 バイトで表す 16 ビット数に限らず、1 つの数値を 4 バイトで表す 32 ビット数や、8 バイトの 64 ビット数などでも、当然問題となります。この複数バイトの格納の順番は、「バイトオーダー」と呼ばれていて、後々、そして現在も、プロセッサーとは直接関係のないところ、たとえばディスクに保存した複数バイトのデータなどでも、しばしば問題になります。ちなみに、インテル系のように数値の下位バイトを若いアドレスから順に格納していく方式を「リトルエンディアン（little endian）」と呼び、モトローラ系のように数値の上位バイ

トが若いアドレスになる方式を「ビッグエンディアン（big endian）」と呼びます。

　RISC プロセッサーでも、バイトオーダーは避けて通れない問題です。モトローラが製造し、Apple の Power Macintosh にも採用された「PowerPC」や、現在でもスマートフォンなどのモバイルデバイスを中心に広く使われている「ARM」といったポピュラーな RISC プロセッサーは、リトルエンディアンでもビッグエンディアンでも、実行中に選ぶことができるような柔軟な機能を採用していました。そうした方式を、「両」を表す接頭辞「bi」を先頭に付けて、「バイエンディアン（bi-endian）」と呼んでいます。

2-3 モトローラからMOS Technologyへ

●6800をとことん簡略化して低コストを目指す

インテルの8080とモトローラの6800は、同じ1974年に発売されているだけでなく、定価も同じに設定され、$360となっていました。1974年当時の為替レートも、やはり1ドルが300円あたりなので、日本円にすれば10万8000円ということになります。これは単独で1個だけを購入する場合の、いわゆるサンプル価格というものでしょう。実際に、こうしたチップを採用した製品を製造する際には、発注の個数に応じて個別に価格を交渉することになるので、実際に製品に組み込まれるチップの価格が$360というわけではありません。しかし、それにしても、$360という価格はいかにも高価に感じられます。個人で入手するとすれば1個単位になるので、定価なら10万円を超える出費になり、趣味のために買ってみようという気持ちにはなりにくい価格であるのは間違いありません。

6502誕生の起点となったのは、このような初期のマイクロプロセッサーの価格が高過ぎるのをなんとかしたい、という問題意識でした。モトローラの6800開発の主力メンバーだった人達は、6800の命令の数を絞り、単純な構成にして回路の規模を縮小し、チップの中身のダイの面積を小さくすることなどにより低コスト化を図ったプロセッサーの開発を、モトローラの上層部に提案したとされています。しかし、その提案は受け入れられなかったため、他の半導体メーカーと掛け合って、そのプロセッサーを製品化することを考えるに至ったようです。

その際、その話を最初に持ち込んだのがMostekという集積回路メーカーでした。しかしMostekでは、その新しい低コストのマイクロプロセッサーの設計が、6800の開発に使った技術の多くを利用したものであることを理解すると、モトローラに訴訟を起こされることを恐れて、この話には乗ってこなかったようです。そこで次に話を持ちかけた先は、MOS Technologyでした。そこでは話がまとまり、6800の主力開発メンバーの中の数人が、モトローラからMOS Technologyに移籍し、低コスト版の6800と言えるようなマイクロプロセッサーを開発することになったのです。1974年のことでした。

C　　　O　　　L　　　U　　　M　　　N

2つの「モステック」?

　6502のメーカーの名前について、あれっと思った人も多いかもしれません。というのも、最初に話を持ちかけられて断ったMostekと、話を受け入れたMOS Technologyという会社の名前が紛らわしいからです。日本のApple IIユーザーは、6502のメーカーの名前は「モステック」だと認識していた人が多かったのではないかと思います。かく言う私もその一人です。そこまででは、まだ間違いとは言えないでしょう。Mostekは言うに及ばず、MOS Technologyも、日本語風に略して言えばモステックになるからです。しかし、Mostekと、MOS Technologyは、実は互いに何の関係もない独立した別の会社です。そのうち6502を開発、販売したのは、そのままの日本語読みにした名前で知られている前者のMostekではなく、名前を省

略してモステックと呼ばれる後者のMOS Technologyの方だと理解していた人は、案外少なかったのではないかという気がします。Mostekの方も、あながち6502とまったく無関係ではないだけに、余計に紛らわしく感じられます。

　また、それがどちらの会社かは別として、6502を作ったモステックは、6800の設計者たちがモトローラを飛び出して6502を作るために起業したベンチャーだという、誤った認識も広まっていたような気がします。もちろん、実際にはそうではありません。MOS Technologyは1969年から存在していました。それは、6800が誕生するよりも5年も前です。元6800設計チームは、MOS Technologyという既存の会社に後から合流して6502を作ったというのが本当のところです。

●6501と6502の誕生

　モトローラから MOS Technology に移って最初に設計したプロセッサーは、狙い通り 6800 を大幅に簡略化したものとなりました。しかしそれは1つだけではなかったのです。MOS Technology では、「MOS 6501」と「MOS 6502」という2つのプロセッサーを設計し、ほぼ同時に製品化したのです（写真5、写真6）。

写真5:6501

写真6:6502

　両社に共通するのは、ダイサイズを縮小することで低コスト化を目指すもの
だったということです。そのために6800をベースに、レジスター構成や命令セッ
ト、あるいは電気的な特性などにもおよぶ、かなり大幅な簡略化が施されています。
そして6501の方は、ピン配置をほぼ6800と共通にして、6800と差し替えて使え
るようにしていました。一方の6502は、ピンの構成には共通性が見られるものの、
配置は異なり、また6800にはなかったクロックジェネレーターも内蔵して、周辺
回路を簡略化できる、かなり使いやすいものを目指していました。

　6501の方は、乱暴に言えば、6800からの引き算だけで設計されたようなものだっ
たことになります。もちろんパッケージも40ピンで同一、ピン配置は、40ピンの
うちの2ピンを除いてまったく同じというものです。異なる2ピンというのは、2
番ピンが6800ではHALTとなっているところが、6501ではRDY（Ready）となっ
ていることと、39番ピンが6800ではトライステートのコントロール信号なのに対
し、6501ではN.C.（ノーコネクション）となっていることです。前者は、いずれ
も周辺回路とのタイミングを合わせたりする目的で、プロセッサーの動作を一時的
に停止するもので、一般的な使い方の範囲では、少なくとも意味的には同じと見て
も良いものです。後者の違いは、6501が、6800にあったトライステートのアドレ
スバスを省いたことによるものです。6800ではアドレスバスの状態をローでもハ
イでもない、第3の状態、つまりハイインピーダンスにして、実質的に周辺回路か
ら切り離すことができました。その機能を省いた6501は、この39番ピンの機能も
必要なくなったため、N.C.とするのは当然でした。

　これらの違いがあっても、当時の使い方では、1つのバスに複数のプロセッサー
を接続するということもほとんどなかったため、トライステートの出番もほとんど
なく、多くのボードでは6800を、そのまま6501に差し替えて使うことが可能だっ
たのです。いわゆるピンコンパチブルと呼ばれるものです。ただし、アーキテクチャ
としては大幅に簡略化されていて、レジスター構成や命令セットも大きく異なるの
で、ソフトウェアには互換性はありませんでした。つまり、6800用に開発したボー
ドのプロセッサーをすげ替えて、プログラムも6501用のものを用意すれば、その
ボード上で6501を動かすことができるというわけです。

　当時も今も、プロセッサーの価格は、他のチップに比べてかなり高価に設定され
ているわけで、そこが半導体メーカーの利益の源となっています。そこにかなり安
価で、少なくともピンの互換性のあるプロセッサーを出されては、モトローラとし
てはたまったものではなく、黙っていられるはずはありませんでした。

　一方の6502と6800との共通点と違いについては、第3章で詳しく述べますが、

すでに述べたクロックジェネレーターの内蔵など、独自の機能も備え、命令セットにも、6800と比べて強力なアドレッシングモードを用意するなど、かなりの独創性も認められます。最初から6502だけにしておけば、その後のMOS Technologyの運命もだいぶ変わっていたのではないかと思われます。しかし6501の存在は、モトローラを怒らせるのに十分なものだったのです。

●モトローラによる訴訟と和解

　最初にMostekが懸念していた通り、MOS Technologyはモトローラに訴えられました。言うまでもなく、6800に関する知的財産の侵害というわけです。モトローラでは、6800の1個の価格を175ドルから69ドルに値下げして6501に対抗しましたが、それだけではとうてい収まらなかったのです。これは、どう考えてもMOS Technologyに勝ち目はなく、結局はMOS Technologyは6501の製造販売を中止し、さらにモトローラに対して賠償金として20万ドルを支払うといった条件で、1976年3月に和解しました。このころも、まだ為替レートには大きな変動はなく、1ドルが、ほぼ300円の時代です。20万ドルは日本円にして約6億円といったところです。今の感覚で考えると、このような訴訟の和解金としては安いような気もしないではありませんが、今と当時ではマイクロプロセッサーのマーケットの大きさがまったく違います。それにMOS Technologyは、かなり小さな会社だったので、会社存続の危機に陥ってしまったようです。そして、早くもその年のうちには、その後6502を採用したパソコンやゲーム機を作ることになるCommodore社に買収されてしまいました。

　なおこの和解条件には、幸いなことに6502の製造販売の中止は含まれていませんでした。そのため、6502は生き残ることができたのです。もし、このときに6502も潰されてしまっていたとしたら、Apple IIに代表される、6502を採用した多くのパソコンやゲーム機は、この世に誕生していなかった可能性もあります。誕生していたとしても、6502を使ったものとはかなり異なった性格のものになるのは必至で、その後の各社の命運をも大きく左右したに違いありません。もしかすると、Apple IIの大ヒットもなく、Appleという会社自体、今日まで生き残っていなかったのではないかとも考えられます。そう考えると、このときの6502を残すという決定は、とてつもなく重いものだったことが分かります。

　またこの他にも、両社は特許のクロスライセンスを行う取り決めも結んだようです。これにより、6800の特許に抵触していた部分もあると思われる6502も、そ

れ以降の存続が安泰になったものと考えられます。さらにそれだけでなく、MOS
Technology で 6502 の開発のために考案されたユニークな技術を、モトローラも利
用できるようになったのも確かです。それが、その後のモトローラのプロセッサー
に、どの程度の影響を与えたのかは定かではありませんが、6800 の後継プロセッ
サーの 1 つ、1978 年に登場した「MC 6809」を見ると、アドレッシングモードなど、
6502 の影響を受けたのではないかと思われる部分があることに気付きます。これ
はもしかすると、このクロスライセンスの成果だったのかもしれません。そうだと
すれば、MOS Technology の遺産は、逆にその後のモトローラの製品の中にも生
かされたということができるでしょう。

写真7:6809

　なお、Commodore に買収されて以降の MOS Technology の具体的な活動がどう
なったのかはよく分かりませんが、一般に知られている範囲では、単に 6502 の設
計を、他社にライセンスするだけのものになったようにも見えます。それは、それ
以降には、縦の 3 本線と丸と横の 3 本線を組み合わせた「Ⅲ●≡」のような MOS
Technology のロゴの付いたチップを見かけることは、ほとんどなくなり、代わり
に他の半導体メーカーが、MOS Technology（Commodore）から正式なライセン
スを受けて製造した、いわゆるセカンドソースによる 6502 互換チップばかりを見
かけるようになったことからもうかがえます。

　また Apple II GS にも採用され、一般的には 6502 の後継プロセッサーとして認
識されている 16 ビットの 65816 は、MOS Technology が開発したものではなく、
Western Design Center 社が開発し、製造販売したものでした。同社は、低消費電力
の CMOS 版の 65C02 を開発したことでも知られる、6502 のセカンドソースの 1 つ
でした。なお 65816 は、正確には「W65C816S」と呼ばれるもので、1983 年に登場
しています。Apple II GS 以外にも、カスタマイズしたバージョンが任天堂のスー
パーファミコンにも採用されるなど、これも一世を風靡したプロセッサーと言うこ
とができるでしょう。

C　　　　O　　　　L　　　　U　　　　M　　　　N

セカンドソース

　特に8ビットCPUの時代には「セカンドソース」という商習慣のようなものがありました。それは、インテルやモトローラなど、プロセッサーの大メーカーが設計したマイクロプロセッサーを、他の半導体メーカーがライセンスを受けて製造販売するというものです。基本的にパッケージの大きさはもちろん、電気的な特性や命令セット、性能も同一という製品になっていました。

　日本の半導体メーカーも、たとえばNECはインテル、日立はモトローラの製品のセカンドソースを盛んに製造販売していました。当時はプロセッサーの種類も少なく、2、3種類の製品が爆発的に普及することも珍しくなかったため、1社では製造が間に合わなかったからかとも思われますが、今から考えると面白い慣行です。今でも、プロセッサーのコア部分のライセンスを受け、その周囲に独自の回路を付加して、別の製品として製造販売するということはありますが、このセカンドソースは電気的、論理的にまったく同じ

とみなすことができるもので、何も考えずに差し替えて使える完全な互換性があるものでした。

　インテルやモトローラのような大手メーカーではありませんが、MOS Technologyの6502も、いろいろな製品に採用された結果、いくつかのセカンドソース製品が作られました。むしろ大手メーカーではなかっただけに、チップの製造能力に限界があったからとも考えられますし、Commodoreによる買収の影響も少なからずあったはずです。そのうち、Appleが多く採用していたのは、Synertek社のものです。チップ表面に「S」の刻印のあるもので、Apple IIの内部写真などを見ると、多くがこの会社の6502であることに気付きます。初期のApple Iに搭載されていたセラミックパッケージのMOS Technology製のものを除けば、Sマークの付いたSynertek製のセカンドソースの写真しか見た記憶がない、という人もほとんどではないでしょうか。

第3章
6800との比較で明確になる
6502の開発意図

この章では、いよいよ6502の機能的な特徴について、具体的に掘り下げていきます。その際には、前章でも述べたように、6502のベースとなった6800と可能な限り比較しながら見ていきます。それによって、なぜ6502がそのような設計になっているのか、それがどうして大きな効果を発揮し、当時のマシンに広く採用されるに至ったのかということを、よりはっきりと理解できると考えるからです。

3-1	6800と共通性の高いピンアサイン	052
3-2	開発意図を反映した6502のレジスター構成	056
3-3	このクラスには不似合いなほど強力なアドレッシングモード	060

3-1 6800と共通性の高いピンアサイン

●ハードウェア的には互換性があった6800と6501

　すでに述べたように、6502の不憫な兄弟とも言うべき6501は、少なくともハードウェア的には6800をそのまま置き換えることの可能な互換性を持つことを目指して設計されました。そのため、仮にCPUがソケットに装着されていれば、6800を引き抜いて、代わりに6501を挿せば動作するレベルの互換性を確保していたことになります。もちろん、当時のCPUは、製品の段階でソケットに装着されていることはまれでしたが、6501に6800とのピン互換性を持たせたのは、完成品のCPUをすげ替えるためというよりも、設計の段階で6800を6501に置き換えることが容易になることを目指したものだったものと考えられます。

　両者のCPUのピンアサインは、いくつかの微妙な名前の違いを除けば同一で、基本的な信号のタイミングにも互換性があったわけです。ただし、こうした共通性はハードウェアに限られた話であって、当然ながら機械語プログラムの互換性はありませんでした。もし、そこまで同じであれば、権利の問題はともかくとして、単に「セカンドソース」と呼ばれる互換CPUということになり、価格を別にすれば6501でなければならない理由はなくなってしまいます。

●6800とかなりの共通性を残した6502のピンアサイン

　いずれにせよ、6501の後継であり、本書の主役の6502は、少なくとも6800とのピン互換性は放棄しました。それにより、ハードウェアレベルの互換性もだいぶ薄れたと言えるでしょう。それでも6800と6502のピンアサインを比較してみると、それなりに共通性を残していることは一目瞭然です。CPUのクロック周りの信号の名前や位置が異なっていることにはすぐに気づきますが、8本のデータバス（D0〜D7）や16本のアドレスバス（A0〜A15）、メモリの読み書きの方向を示すR/W、割り込み関連のIRQやNMIについては、位置も意味もほとんど同じになっています（図1）。

図1:6800と6502のピンアサイン

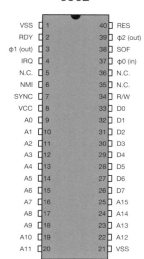

ピン	6800	6502
1	Vss	VSS
2	Halt	RDY
3	MR	Φ1 (out)
4	IRQ	IRQ
5	VMA	N.C.
6	NMI	NMI
7	BA	SYNC
8	Vcc	VCC
9	A0	A0
10	A1	A1
11	A2	A2
12	A3	A3
13	A4	A4
14	A5	A5
15	A6	A6
16	A7	A7
17	A8	A8
18	A9	A9
19	A10	A10
20	A11	A11
21	VSS	VSS
22	A12	A12

ピン	6800	6502
23	A13	A13
24	A14	A14
25	A15	A15
26	D7	D7
27	D6	D6
28	D5	D5
29	D4	D4
30	D3	D3
31	D2	D2
32	D1	D1
33	D0	D0
34	R/W	R/W
35	Vcc Standby	N.C.
36	RE	N.C.
37	Extal	Φ0 (in)
38	Xtal	S0
39	Extal	Φ2 (out)
40	Reset	RES

6502の開発経緯を知らずに、6800と6502だけを単純に比較してみても、これらの共通性が偶然の一致とはとても思えないでしょう。それでも異なっている部分はしっかり異なっているので、互換性がないことも明らかです。両者の比較だけでは、そうした共通点と相違点が混在していることは謎のように思えますが、6501に対する6502の立ち位置を考えれば腑に落ちるというものではないでしょうか。

●似て非なる6800と6502のクロック信号

先に挙げたデータ／アドレスバスや割り込み関連の信号と電源以外は、かなりの違いが見られるのも事実です。それらの意味を細かく説明していくと、6800の詳細にも深入りしなければならなくなるので、ここでは割愛して、6502に特徴的な相違点の1つに着目することにします。それは、ϕ（ファイ）という名前の付いたクロック信号です。

6800には、$\phi 1$と$\phi 2$という2つのクロック信号のピン（3番、37番）があります。これらは2つとも入力信号です。つまり6800を動かすには、$\phi 1$と$\phi 2$の、2種類のクロック信号を外部で生成して供給しなければならないのです。

それに対して6502には、$\phi 0$、$\phi 1$、$\phi 2$と、3つのクロック信号のピン（37番、3番、39番）があります。6502の場合には、これらのうち$\phi 0$だけが入力で、$\phi 1$と$\phi 2$は出力となっています。これは、CPUの外部で$\phi 0$だけを生成して供給すれば、$\phi 1$と$\phi 2$はCPU内部で生成して出力してくれる、ということを意味しています。これによって、6502を動かすための外部回路は、少なくともクロック周りに関して、6800に比べてかなり簡略化できるのです。

また6800の場合、入力する2つのクロック$\phi 1$と$\phi 2$は、基本的に位相が反転した信号ですが、当然ながら同時にHになってはならず、Hの期間は最短でも400ns以上必要（クロックが1MHzの場合）、Hの電圧は4.4V以上でなければならないなど、神経質な規定があります。クロック生成回路の設計には、それらの条件を満たすために気を使わなければなりません。一方6502の場合には、単純なTTLレベルの矩形波の$\phi 0$さえ供給しておけば、後は6502内部で自ら都合の良いように生成した$\phi 1$と$\phi 2$を出力してくれるので簡単です（図2）。

メモリをはじめとするコンピューターのシステムは、この$\phi 1$と$\phi 2$によって動作するように設計すれば、大規模な周辺回路を用意する必要もなく、6502と完全に同期したシステムを、かなり簡単に作ることができます。

Apple IIについては、第5章以降で詳しく述べますが、この$\phi 1$信号を利用して、

CPU の動作と競合せずにビデオ回路が動作するようにするなど、Apple II ではタイミング的に無駄のない設計を実現するために、6502CPU が出力するクロック信号を巧みに利用しています。

図2:6800と6502のクロック信号

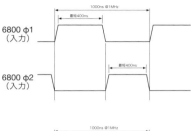

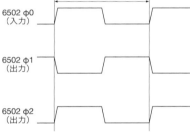

3-2 | 開発意図を反映した6502の レジスター構成

●大きなくくりでは6800と一致する6502のレジスター構成

　次にCPUの外部からは見えない、レジスター構成を比較してみましょう。言うまでもなく、CPUの機械語でプログラムを書く際には非常に重要な要素です。CPUのレジスター構成は、もちろんCPUのハードウェアに固有のものではあるものの、ピンアサインに比べると、周辺回路の設計者にとっては、ほとんど意識する必要のない部分です。CPUの中でも、かなりソフトウェアよりの要素ということになります。これは、この後に述べる6502のアドレッシングモードや、次章で述べる6502機械語の命令セットにも大きな影響を与える、CPUの内部設計の根幹を成す要素と言うこともできます。

　大雑把に見ると、6800と6502のレジスターの構成は似ているということも可能でしょう。それは、レジスター構成を大きなくくりで分類すると、両者はだいたい一致するからです。それらは、実際に演算などに使う「アキュムレーター」、アドレスを修飾する「インデックス」、実行中の命令のアドレスを示す「プログラムカウンター」、次に書き込む、あるいはそこから読み出すスタックの位置を示す「スタックポインター」、そしてCPUの状態などをビット単位で示す「コンディションコード／ステータス」の各レジスターから成っています（図3）。

図3:6800と6502のレジスター構成

	6800	6502
アキュムレーター	AccA (8) AccB (8)	A (8)
インデックスレジスター	X (16)	X (8) Y (8)
プログラムカウンター	PC (16)	PC (16)
スタックポインター	SP (16)	SP (8)
コンディションコード／ステータス	--HINZVC (6/8)	NV-BDIZC (7/8)

　こうした大きなくくりが一致していると言い出せば、どんなCPUでもだいたい同じだろうと思われるかもしれませんが、やはり、インテル系（80系）のCPUとは、だいぶ異なった構成となっています。この点も、6800と6502の関連の強さをうかがわせる部分です。

●極限まで簡略化した6502のレジスター

　しかし、6800と6502のレジスター構成が共通なのは、大きなくくりまでです。それぞれのくくりの中身には、かなりの違いが見られます。共通するのは、間違いなくどんなCPUにもある16ビットのプログラムカウンターだけです。そして、その違いこそが、比較的オーソドックスと考えられる6800と比べて、ややエキセントリックとも言える6502の特徴、設計思想の違いをはっきりと示しているのです。

　まず最も重要なアキュムレーターをを見てみましょう。いずれも8ビットCPUなので、アキュムレーターの大きさは8ビットで共通ですが、数が違います。6800にはAccAとAccBの2つのアキュムレーターがあるのに対し、6502では1つだけです。当時の80系のCPUを含め、純粋なアキュムレーターが1つだけという構成は珍しくありませんが、80系には他に補助的に使える8ビットのレジスターが複数あり、2つを結合することで16ビットレジスターとしても使えるようになっていたりしました。6502には、それらに対応するようなデータレジスターはなく、プログラムカウンター以外に16ビットレジスターもありません。それでどうやって機械語プログラムを書くのか、不安になるほどですが、後で見るように、6502にはそのような不足を補って余りある工夫があるのです。

　次に、インデックスレジスターですが、これも対照的です。6800には16ビットのものが1本だけなのに対し、6502では8ビットながら2本のインデックスレジスターが備わっています。インデックスレジスターは、ループによってアドレスを1つずつずらしながら、連続するデータに対して同様の処理を実行する、といった場合に使われます。8ビットのインデックスでは、わずか256バイトの範囲しかアクセスできませんが、後で述べるような豊富なアドレッシングモードのおかげで、それほど不便を感じさせることなくプログラムすることが可能です。6502の感覚からすると、8ビットCPUでアクセス可能な16ビットのメモリ空間のすべてをカバーできるインデックスレジスターなど、むしろ過剰ではないかと思えるほどかもしれません。

　すでに述べたように、プログラムカウンターについては16ビットのものが1本で共通です。メモリ空間のどこに置かれたプログラムでも実行できるようにするには、さすがにこれは動かしようがないところです。

　それより驚くのはスタックポインターです。6800には常識通り16ビットのものが1本備わっていますが、6502ではスタックポインターさえも8ビットになってしまっています。これでは、わずか256バイトの範囲のスタック領域しか使えない

ことになります。スタック領域は、当然ながら 16 ビットのメモリ空間上にあるの
で、これだけではアドレスの上位バイトが表現できません。実はそのスタックポイ
ンターの上位バイトは $01 に固定されていたのです。当時の 8 ビットクラスのコン
ピューターでは、インタープリタ型の BASIC を別にすれば、現在のような高級言
語でプログラムすることはほとんどありませんでした。したがって、高級言語で一
般的なファンクション呼び出しのように、スタックにしこたまパラメータを積んで
サブルーチンを呼び出すといったこともめったになく、スタックの用途は限られて
いたのも事実です。どうしても避けられないサブルーチン呼び出し時の戻り番地の
保持に限れば、128 回までのネストは可能でした。それでも、スタックポインター
を 8 ビットにしたのは勇気のいる決断だったのではなかったかと想像できます。と
はいえ、実際には、それで十分なんとかなっていたことは、当時の Apple II など
のパソコン用アプリケーションの繁栄が雄弁に証明しています。

　あとは両者とも、8 ビットのステータスレジスターがあるのみです。これは演算
などの結果によって変化する 1 ビット単位のフラグの集まりです。これについて、
6800 と 6502 を比較すると、似たような名前のものは見られるものの、位置も構成
も比較的大きく異なっていることが分かります（図 4）。

図4:6800と6502のステータスレジスターのビット割り当て

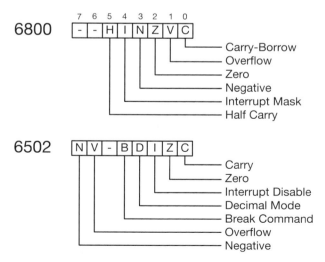

　たとえば、6800 にある「Half Carry」は、6502 にはありません。一方、6502 に
あって 6800 にないのは「Decimal Mode」と「Break Command」です。6800 の

「Carry-Borrow」と6502の「Carry」、6800の「Interrupt Mask」と6502の「Interrupt Disable」は、名前は微妙に違っても、機能はほぼ同じものと考えて良いでしょう。6502のステータスレジスターについては、次章でインストラクションセットを取り上げる際に、適宜説明します。

　なお、各フラグのビット位置は機械語プログラムを書く上で意識する必要は、もちろんありません。条件分岐命令などは、すべてフラグの「名前」で条件を指定することになるからです。

3-3 このクラスには不似合いなほど強力な アドレッシングモード

●CPUの「アドレッシングモード」とは？

「アドレッシングモード」という言葉は、実際にCPUの機械語でプログラムを書いた経験のある人でないと、馴染みが薄いかもしれません。機械語プログラミング以外の場面では、ほとんど登場することもない用語ですし、実際高級言語のプログラミングでは意識する必要がないからです。簡単に言えば、「プログラムが参照するメモリのアドレスを指定する方法」のようなものです。同じ意味の動作の命令でも、アドレッシングモードが違えば、CPUの動作も異なり、その命令を実行した結果も変わってきます。通常は、同じ名前の命令の中に、アドレッシングモードによって、いろいろなバリエーションが含まれることになります。また、すべての命令に対して同じアドレッシングモードのバリエーションが用意されているわけではありません。命令によって使えるアドレッシングモードの種類が異なるのが普通です。その意味では、命令に対するアドレッシングモードのバリエーションは非対称ということになります。

6502は、6800など、同時代の他のCPUに比べて「アドレッシングモードが強力」だと言われますが、この「アドレッシングモードが強力」というのは、どういう意味でしょうか。1つには、アドレスの指定方法のバリエーションが豊富だということです。また、個々のアドレッシングモードにしても、短いバイト数の命令で、効果的なアドレス指定ができることも、「強力」であることの条件です。そして結局は、それらによってどれだけ機械語プログラムが書き易くなるのか、ということが重要な評価の指針となります。

メモリのアドレスを指定する場合、いちばん単純なアドレスの指定方法は、メモリの物理的な番地を直接数値で指定する方法でしょう。4桁の16進数を使って、例えば0800番地のメモリの値をアキュムレーターに読み込むといったものです。それは「アブソリュート（absolute）」というアドレッシングモードです。

6502には、この「アブソリュート」も含めて、全部で10種類のアドレッシングモードが揃っています。これは、当時のCPUとしては、かなり豊富な方だと言えるでしょう。現に、直近の祖先でもあり、同時代にも使われていた6800には6～7種類の

アドレッシングモードしかありません。しかも、単に数の問題だけではなく、6502
には、すでに見たように、驚くほど簡略化されたレジスター構成という欠点を補っ
て余りある強力なアドレッシングモードが揃っているのです。ここでは、このアド
レッシングモードについて、6800 と 6502 を比較しながら、6502 の特徴を浮き彫り
にしていきましょう。

●アキュムレーターモード

　アキュムレーターモードは、ほとんどアドレッシングモードと呼ぶのがはばから
れるような、特別かつ単純なモードです。このモードの処理は、アキュムレーター、
つまり 6800 なら Acc レジスター、6502 では A レジスターだけで完結します。メ
モリのアドレスは指定しません。このモードは、モードとしては両 CPU に共通です。
　このモードのアドレッシング方式を簡略に式で表せば、以下のようになるでしょう。

```
A ← A'
```

　これは、アキュムレーター（A レジスター）の値をシフトや回転によって変更
したものを、再び同じアキュムレーターに戻すことを表しています。
　6502 の場合、このモードで動作可能な命令は、全部で 4 つだけです。アキュムレー
ターの中のビットを、左または右にシフトしたり、回転したりするものです。全部
挙げておきましょう。

```
ASL (Aritmetic Shift Left)
LSR (Logical Shift Right)
ROL (Rotate Left)
ROR (Rotate Right)
```

の 4 つとなっています。
　なお、これに続く各アドレッシングモードの説明でも、それぞれのモードで使え
る命令を一通り挙げますが、個々の命令の意味、動きについては次の章でまとめて
詳しく取り上げます。ここでは、各モードで使える命令の種類を知ることで、アド
レッシングモードについての理解を実際的なものにするのが目的です。

●イミーディエイト

イミーディエイトモードのイミーディエイト（immediate）とは、「直接」といった意味です。このモードは、メモリから読み込んだ値ではなく、命令のオペランドとして直接指定した値を、処理の対象とします。つまり、レジスターの値を直接設定したり、何らかの値とレジスターの値を比較したり、あるいはレジスターの値と、直接指定する値の間で演算を実行したりします。このモードは、もちろん6800にも6502にもあり、特に注意すべき違いはありません。

なお「オペランド（operand）」とは、命令の一部として、命令で処理するパラメータのような部分のことです。普通は、命令の種類を決める命令コード（これをオペコード（opcode）と言います）のすぐ後ろに付きます。このあたりの命令コードの構成については、次章の命令セットの部分で、改めて整理して取り上げます。

このイミーディエイトモードが使える命令は、大別すると3種類です。指定した値を直接レジスターにロードするもの、レジスター内の値を直接指定した値と比較するもの、そして、レジスター内の値と、直接指定した値との間でさまざまな演算を実行し、その結果をまたレジスターに入れる演算命令です。6502の場合、Aレジスターについては、今挙げた3種類の命令が、すべて使えます。2つのインデックスレジスター、XとYについては、ロード命令と、比較命令だけが使えます。

具体的な命令を挙げながら整理しておきましょう。6502のイミーディエイトモードのロード命令は各レジスターについて1つずつ用意されています。

```
LDA (Load Accumulator)
LDX (Load X Register)
LDY (Load Y Register)
```

6502のアセンブリ言語のニーモニック（表記方法）では、イミーディエイト値は、先頭に「#」を付けて表すことになっています。そこでA、X、Yのレジスターのどれかという意味で「R」と書き、何でも構わない16進数の値を「$xx」と書くとすれば、イミーディエイトモードのロード命令の動きは、以下のようになるでしょう。

```
R ← #$xx
```

同様に、レジスター内の値と、直接指定した値を比較する命令もA、X、Yの各レジスターに1つずつあります。

```
CMP (Compare)
CPX (Compare X Register)
CPY (Compare Y Register)
```

　比較命令は、引き算を実行して、その結果に応じてステータスレジスターの値を変化させるものです。結果自体は捨てます。その部分に着目して式で表すと、以下のようになります。

```
N, Z, C ← R ― #$xx
```

　この際に変化する可能性のあるのは、ネガティブ（N）、ゼロ（Z）、キャリー（C）の各ビットです。
　残りのイミーディエイトモードの命令は、すべてＡレジスターのみに有効な演算命令です。演算には、足し算と引き算、それに AND、OR、XOR という３種類のビットごとの論理演算があります。

```
ADC (Add with Carry)
AND (Logical AND)
EOR (Exclusive OR)
ORA (Logical Inclusive OR)
SBC (Subtract with Carry)
```

　ここでは、何らかの演算を「・」の記号で表すとすると、これらの演算命令の動きは、まとめて以下のように表せるでしょう。

```
A ← A・#$xx
```

キャリーフラグを含まない
加減算命令を持たない6502

　イミーディエイトモードで挙げた6502の加算、減算命令には、キャリーフラグを含むものしかないことにお気づきでしょうか。加算はADC、減算はSBCだけです。これは書き忘れではありませんし、このモードに限った話でもありません。にわかには信じがたいかもしれませんが、6502では命令の数をできるだけ減らすために、キャリーフラグを含まない加算減算命令は、思い切って割愛しています。かなり割り切った命令セットと言えるでしょう。では、どうやってキャリーフラグを含まない加減算命令を実行するのかと言えば、キャリーフラグをクリアしてから、キャリーフラグを含む加算（ADC）、セットしてから減算（SBC）命令を実行するのです。キャリーをクリアするにはCLC（Clear Carry Flag）、セットするにはSEC（Set Carry Flag）の各命令が用意されています。

　6800には、当然と言えば当然ながら、キャリーフラグを含まない加算、減算命令が用意されています。つまり加算命令には、キャリーフラグを含むもの（ADC）と、含まないもの（ADD）があり、減算命令にも、キャリーフラグを含むもの（SBC）と、含まないもの（SUB）があります。これらの命令は、キャリーフラグを含むか含まないか以外には、使えるアドレッシングモードも変わりません。キャリーフラグを含むか含まないかの違いだけで、それ以外はまったく同じなので、確かに無駄なように見えなくはないのですが、だからと言って、それを省いてしまおうという発想には、普通はなかなかならないでしょう。

　この点でも6502の設計は、なかなかにアグレッシブです。

●アブソリュート

　アブソリュートモードは、命令のオペランドでアドレスを直接指定するモードです。ここで言うアブソリュート（absolute）は「絶対」という意味で、言ってみれば「相対」に対するものです。つまり、何かの基準に対してアドレスのズレを相対的に指定するのではなく、16ビットの絶対アドレスを直接そのまま指定するという意味です。ちょっとイミーディエイトに似ていますが、このモードで指定するのはあくまで16ビットのアドレスです。ただし、6502には16ビットのレジスターはないことからも分かるように、命令で指定した絶対アドレスの値をそのままレジスターに入れるわけではありません。このモードで指定したアドレスのメモリ内の、8ビットの値をレジスターにロードしたり、レジスターとの間の演算に使ったりするのです。

　6502でアブソリュートと呼ぶアドレッシングモードは、6800では「エクステン

ディド（extended ＝拡張）」と呼んでいますが、それらは同じものです。ついでに6800では何に対する「拡張」かと言うと、それはダイレクト（direct）モードに対する拡張です。このダイレクトモードは、6502では「ゼロページ」と呼ばれていますが、それについては後で詳しく述べることにします。

　アブソリュートモードは、CPUとメモリがやり取りする上で、もっとも一般的なアドレッシングモードと言えるものなので、このモードで使える命令は6502でもかなり多くなっています。

　まず、このアブソリュートモードでしか使えない命令が1つだけあります。それは、サブルーチンを呼び出すための命令です。

JSR（Jump to Subroutine）

　インデックスレジスターを使って、相対的にアドレスを指定したサブルーチン呼び出しがないのは、ちょっと意外な気もしますが、ここも6502が割り切った部分です。ちなみに6800のJSR命令では、IXレジスターの値に8ビットのオフセットを加えた相対的なアドレスのサブルーチンを呼び出すモードが使えます。

　では、6502のジャンプ命令はどうかというと、これもまたちょっと変わっています。アブソリュートモード以外に、もう1つのアドレッシングモードが使えますが、それは6800のようなインデックスレジスターを使った相対的なモードではありません。その代わり、16ビットで指定したアドレスのメモリ内容が示すアドレスにジャンプするインダイレクト（間接）モードが使えるのです。それについては、また対応する項で述べますが、このジャンプ命令はインダイレクトモードが使える唯一の命令となっています。

JMP（Jump）

　アブソリュートモードが使える他の命令も、一通り挙げておきましょう。まずは基本的なロード／ストア命令です。A、X、Yの3つの8ビットレジスター用に、それぞれ用意されています。

```
LDA (Load Accumulator)
LDX (Load X Register)
LDY (Load Y Register)
STA (Store Accumulator)
STX (Store X Register)
STY (Store Y Register)
```

　これらのロード命令は、16 ビットの値で指定したメモリアドレスから、1 バイトの値を読み出して、それぞれのレジスターに上書きします。ストア命令はその逆で、各レジスターの値を、16 ビットで指定したアドレスのメモリに書き込みます。オペランドで指定するのはアドレスで、扱う値はそのメモリの内容なので、ある意味間接的です。ただし、アドレッシングモードで「間接」というのは、あくまでアドレスを間接的に求めるものなので、普通は、指定したアドレスからデータを読み出すことを間接とは呼びません。簡略式で書けば以下のようになるでしょう。

```
R ← ($xxxx)
($xxxx) ← R
```

　あとは、イミーディエイトモードとだいたい同じです。つまり、3 つのレジスターに対する比較命令があります。

```
CMP (Compare)
CPX (Compare X Register)
CPY (Compare Y Register)
```

　これらの命令も、各レジスターに入っている値と、16 ビットのアドレスで指定したメモリの内容の 8 ビットを比べるものです。ロード命令と同じく、やはりある意味間接的です。

```
N, Z, C ← R - ($xxxx)
```

　A レジスターに対する加算／減算命令もあります。

```
ADC - Add with Carry
SBC - Subtract with Carry
```

　同じく A レジスターとの間の 3 種類の論理演算命令があります。

```
AND (Logical AND)
EOR (Exclusive OR)
ORA (Logical Inclusive OR)
```

　これらの5つの演算命令をまとめて簡略式で表すと、以下のようになるでしょう。やはり何らかの演算を「・」の記号で代表しています。

```
A ← A・($xxxx)
```

　また、メモリ内容のビットを直接シフトしたり回転したりする命令もあります。

```
ASL - Arithmetic Shift Left
LSR - Logical Shift Right
ROL - Rotate Left
ROR - Rotate Right
```

　これらのシフト/回転命令は、どのレジスターも介さずに、直接メモリの値をシフトしたり回転したりするものです。簡略式では以下のように表現できるでしょう。

```
($xxxx) ← ($xxxx)'
```

　イミーディエイトモードでは使えない命令で、アブソリュートモードなら使える命令としては、指定したアドレスのメモリ内容をビット単位で調べるというものがあります。

```
BIT (Bit Test)
```

　これは、調べたいビットだけを1にセットした値をAレジスターに入れておき、それとメモリの内容のANDを取ることで、メモリのビットをテストするものです。結果は比較命令と同様に、ステータスレジスターの値で確認します。

```
N, V, Z ← A ∧ ($xxxx)
```

　比較命令で変化するステータスレジスターは、N、Z、Cでしたが、この命令ではキャリーフラグの代わりにオーバーフローフラグ（V）が変化します。
　また、メモリ内容を直接1つずつ減らしたり増やしたりする命令も、アブソリュートモードにはあります。

```
DEC - Decrement Memory
INC - Increment Memory

($xxxx) ← ($xxxx) + 1
($xxxx) ← ($xxxx) − 1
```

●ゼロページ

　ゼロページというアドレッシングモードを説明する前に、まず「ゼロページ」とは何かについて説明する必要があるでしょう。言葉の意味としては明確で、ゼロ番目のページということです。では、その「ページ」とは何かと言うと、それはメモリを 256 バイト単位で区切った、1 つの範囲のことです。メモリアドレスで言うと、ゼロページとは、$0000 から $00FF までの 256 バイトということになります。6502 の場合、ゼロページ以外はほとんどページとしては意識しませんが、ゼロページがあるからには 1 ページも 2 ページもあるわけで、ゼロページに続く 1 ページは、$0100 から $01FF までの 256 バイトとなります。すでに述べたように、このメモリ領域は固定のスタック領域と定められています。このように 16 ビットのアドレスの上位バイトがページ番号を表すので、全部で 256 のページがあることになります。

　6502 では、このゼロページは極めて重要なメモリ領域です。一言で言えば、このメモリ領域は 256 個の 8 ビットレジスターと同じように使えるのです。それを可能にするのが、このゼロページというアドレッシングモードなのです。6502 では、先に述べたアブソリュートモードでも、メモリの値を直接シフトしたり回転したり、あるいは A レジスターとの間の演算に使ったりできましたが、ゼロページのメモリ領域では、それよりも少ないクロック数で命令を実行できます。もちろん、アドレス指定も 1 バイトなので、命令の長さも短くなり、全体としてプログラムを短くできます。つまり 6502 では、ゼロページをいかに活用するかが、いかに速く短いプログラムを作るかのカギとなります。ただし、ユーザーのプログラムは、この256 バイトの領域をどこでも好きなように使えるわけではありません。後の章で述べるように、Apple II では、システムモニターや DOS が、ゼロページの特定のアドレスを使います。その情報は公開されているので、ユーザーはシステムプログラムと競合しないように、残った領域を注意しながら使うことになります。逆に、システムが使うゼロページのメモリ値を調べたり、あえて変更することで、システムの状態を知ったり、動作を変更することも可能です。

　先に簡単に述べましたが、6800 では、6502 のゼロページモードに相当するものをダイレクトモードと呼んでいます。考え方は同じですが、このモードで使える命令の種類はだいぶ少なくなっています。例えばメモリ中のデータのシフトや回転は、6502 ならゼロページモードが使えるのに対して、6800 ではダイレクトモードでは使えません。

　実は、6502 のゼロページモードで使える命令の種類は、JMP と JSR を除くと、

先に述べたアブソリュートモードで使える命令の種類とまったく同じです。ただし、アドレス部分が直接メモリのアドレスを指定する 16 ビットではなく、ゼロページの中のアドレスを指定する 8 ビットになります。先に示したアブソリュートモードの簡略式で、($xxxx) と書いた部分を、機械的に ($00xx) に入れ替えれば、このゼロページモードのアドレッシングの意味を表すことができるでしょう。

　念のため、ゼロページモードで利用可能な命令を一通り挙げておきましょう。まずは 3 つのレジスターに対するロード／ストア命令、LDA、LDX、LDY、STA、STX、STY があります。そして、やはり 3 つのレジスターを対象にした比較命令、CMP、CPX、CPY もあります。A レジスターに対しては、加算／減算命令、ADC、SBC と、論理演算命令、AND、EOR、ORA が使えます。ゼロページ内のメモリ内容のビットを直接シフトしたり回転したりする ASL、LSR、ROL、ROR もあります。そして A レジスターを使ってゼロページの内容のビットを調べる BIT、さらにゼロページのメモリ内容を直接 1 つずつ減らしたり増やしたりする DEC、INC も使えます。

●インデックスト・アブソリュート

　6502 に限らず、アドレッシングモードに「インデックスト（Indexed）」が付くと、それはインデックスレジスターによって「修飾」するという意味です。そう言うと難しく聞こえるかもしれませんが、簡単に言えば、何らかの方法で指定したアドレスに、インデックスレジスターの値を足したものを、目的のアドレスとする、ということになります。その「何らかの方法」には、6502 の場合、ここで説明するアブソリュート、次に説明するゼロページ、そして後で出てくるインダイレクトがあります。

　6800 にもインデックストモードがありますが、いくつかの点で 6502 のものとは異なります。まず、6800 のインデックスレジスター X は、16 ビットのレジスターでした。したがって、インデックスとして足される数も 16 ビットということになります。もちろん 6502 のインデックスレジスターは、X も Y も 8 ビットなので、足す数は常に 8 ビットです。そして、6502 では 6800 とは異なって、インデックスレジスターが 2 つあるので、X で修飾する場合と、Y で修飾する場合の 2 通りがあります。

　6502 のインデックスト・アブソリュートモードにも、X で修飾できる命令と、Y で修飾できる命令の 2 通りがあります。両社に共通する命令も多いのですが、扱える命令の種類が異なるものもいくつかあります。どちらかと言えば、X レジスターで修飾できるものが多く、Y レジスターは補助的な性格が強くなっています。また、同じような命令でも、X レジスターを操作する命令の場合は Y レジスターで

のみ修飾でき、逆に Y レジスターを操作する命令は X レジスターでのみ修飾でき
る、という場合もあります。

　どちらで修飾するにしても、このインデックスト・アブソリュートでは、アブソ
リュートモード、つまり 16 ビットの値で直接指定するメモリアドレスに、X また
は Y レジスターの値を足したアドレスを、実効アドレスとするというものです。メ
モリのある範囲に並んでいる値を、高級言語で言うところの配列のようなものとみ
なして、ループを使って順番に処理する、といった場合に便利です。その場合、16 ビッ
トの値で直接指定しているアドレスが、配列の先頭の要素が格納されているアドレ
スで、インデックスレジスターの値を、その配列の要素の番号と考えるわけです。

　このモードのアドレッシングの様子を簡略式で表すとしたら、先に見たアブソ
リュートモードの ($xxxx) と書いた部分を、($xxxx + X)、または ($xxxx + Y) の
ように書いて表すことができます。つまり、命令のオペランドで指定した 16 ビッ
ト値に X または Y レジスターの値を加えたアドレスのメモリ内容を読み取ったり、
そこに書き込んだり、あるいは演算に使用したり、直接操作したりするわけです。

　インデックスト・アブソリュートモードで使える命令の種類も、アブソリュート
モードで使える命令を基準に考えることができます。なぜなら、インデックスト・
アブソリュートモードで使える命令の中で、アブソリュートモードでは使えない、
という命令は存在しないからです。そこでここでは、アブソリュートモードで使え
る命令群との差分を示すことにします。アブソリュートモードで使える命令の中で、
X レジスター、Y レジスターで修飾できない命令、つまりアブソリュートモードで
使えても、インデックスト・アブソリュートモードでは使えない命令のことです。

　最初はメモリの値のビットを調べる BIT 命令です。この命令は、ゼロページと
アブソリュートの 2 つのモードでしか使えないのでした。したがって、X レジス
ター、Y レジスター、いずれでも修飾できません。

　次に、メモリの値と、X レジスターの値を比較する CPX、Y レジスターの値を
比較する CPY も、インデックスト・アブソリュートモードでは使えません。CPX
なら Y レジスターで、CPY なら X レジスターで、それぞれ修飾できても良さそう
な気もしますが、残念ながらそれらもできません。

　また、プログラムカウンターを操作する JMP や JSR 命令は、当然ながらアブソ
リュートモードは使えますが、インデックスト・アブソリュートモードは、X、Y
を問わず使えません。

　そして、メモリの値を 1 つずつ減らしたり増やしたりする DEC と INC ですが、
これらはいずれも X レジスターで修飾するインデックスト・アブソリュートモー

ドのみ使えます。Y レジスターでは修飾できません。同じように、X レジスターの
みで修飾できる命令としては、メモリ内容のビットを直接シフトしたり回転したり
する ASL、LSR、ROL、ROR の 4 命令があります。

　インデックスレジスターに値をロードする LDX、LDY の両命令ですが、これら
は互いに異なるインデックスレジスターでのみ修飾できます。つまり LDX 命令は、
Y レジスターで修飾するインデックスト・アブソリュートモードが使え、LDY 命
令は、X レジスターで修飾するインデックスト・アブソリュートモードが使えま
す。ここで注意を要するのは、X、Y レジスターの値をメモリにストアする STX
と STY です。これらは、アブソリュートモードは使えますが、X、Y レジスター
を問わず、インデックスト・アブソリュートモードが使えません。ロードが使える
ならストアも、と思いがちですが、そうはいかないのです。

　それ以外のアブソリュートモードが使える命令、たとえば A レジスターのロー
ド、ストア命令、LDA と STA、加算、減算命令、ADC と SBC や、3 種類の論理
演算命令、AND、EOR、ORA などについては、X レジスター、Y レジスターいず
れでも、インデックスト・アブソリュートモードが使えます。

●インデックスト・ゼロページ

　このインデックスト・ゼロページモードの意味は、先のインデックスト・アブソ
リュートモードから類推すれば明らかでしょう。つまり 8 ビットの値で直接指定す
るゼロページのメモリアドレスに、X または Y レジスターの値を足したアドレスを、
実効アドレスとするというものです。

　しかし、このモードでは特に注意しなければならないことがあります。それは、
このモードによってアクセスできるのは、あくまでもゼロページの範囲内というこ
とです。8 ビットの値で直接指定するゼロページのアドレスは、$00 から $FF の
範囲です。それは X、または Y レジスターで指定するインデックスの値も同じです。
それらの組み合わせによって、元のアドレスにインデックスを加えた値の範囲は
$00 から $1FE となります。しかし、その約半分はゼロページのアドレス、つまり
$00 から $FF の範囲をはみ出してしまいます。その場合は、その合計値の下位 8 ビッ
トが表すゼロページアドレスが、実効アドレスとなります。例えば、元の値が $E0
で、インデックスの値が $31 だったとすると、合計は $111 となりますが、そのま
まではゼロページに収まらないので、その下位 8 ビットの $11 というゼロページ内
のアドレスが実効アドレスになるというわけです。元のアドレスとインデックスの

合計が8ビットに収まるか収まらないかに関わらず、常に合計の下位8ビットが実効アドレスになると考える方が普通かもしれません。

　このアドレスの決め方を、Xレジスターをインデックスとして使って簡略式として表してみると、以下のようになるでしょう。

```
 ((＄00xx ＋ X) ∧ ＄00FF)
```

　このインデックスト・ゼロページモードで使える命令は、ゼロページモードで使える命令に比べて、種類が少なくなっています。それは、アブソリュートモードと、インデックスト・アブソリュートモードを比較したのに比べても、もっと少ない、ということです。

　特にYレジスターを使ったインデックスト・ゼロページモードで使える命令は少なく、2つだけです。それは、Xレジスターのロード、ストア命令、LDXとSTXだけなのです。簡略式で表してみましょう。

```
 X ← (＄00xx ＋ Y)
 (＄00xx ＋ Y) ← X
```

　Xレジスターを使ったインデックスト・ゼロページモードで使える命令は、これよりはるかに種類が多くなっています。このモードの元となっているゼロページモードで使える命令の種類は、アブソリュートモードで使える命令の種類と同じでした。そこでここでも、ゼロページモードで使えるのに、Xレジスターを使ったインデックスト・ゼロページモードでは使えない命令を挙げておくことにします。数は多くありません。

　まずは、インデックスト・アブソリュートモードでも使えなかったBITは、このインデックスト・ゼロページモードでも使えません。また、インデックスレジスターがからむ、CPX、CPYの両命令も使えません。また、Xレジスター自身がからむLDXとSTXは、先に述べたようにYレジスターでは修飾できますが、Xレジスターによるインデックスモードは使えません。ただし、Yレジスターのロード、ストア命令、LDYとSTYは、このモードで使えます。

　これだけです。残りのゼロページモードが使える命令は、Xレジスターによるインデックスト・ゼロページモードが使えるということになります。つまり、このモードはXレジスターに関する限り、かなり用途の広いモードと言えるでしょう。

●インダイレクト

　「インダイレクト（Indirect）」とは「直接ではない」、つまり「間接」的なアドレッシングモードを指します。これは、簡単に言えば、命令コードに続くオペランドで示すアドレスのメモリに入っている値をアドレスとみなして、そのアドレスを命令の対象とする、といった意味です。また、インダイレクトモードは、6800との比較において、6502に特徴的なアドレッシングモードということができます。6800には、名前はどうあれ、これに対応するような間接的なアドレッシングモードは存在しないからです。しかも、6502には、通常のインダイレクトモードに加え、インデックスレジスターが絡んだ、さらに2種類の修飾付きインダイレクトモードまであります。

　まずは、通常のインダイレクトモードですが、実は、このインデックスが付かないインダイレクトモードが、いちばんあっさりしていて、このモードが使える命令は1つしかありません。それはJMP（Jump）命令です。この用途としては、たとえば、プログラムの飛び先を何らかの方法によって計算で求め、その値をどこかのメモリアドレスにいったんストアし、その値が示すアドレスにジャンプするといった使い方が考えられます。

　しかし、オリジナルの6502の場合、ここで注意しなければならないことがあります。バグなのか仕様なのかはっきりしませんが、16ビット、つまり2バイトのアドレス値を、ページの境界をまたいで読み込もうとすると、ちょっと変わった動作になるということです。アドレスがページ、つまりメモリの256バイトごとの境界をまたぐのは、インダイレクトモードで使う16ビットのアドレスとして、下位バイトが$FFを指定した場合だけです。その場合、上位バイトは、次のページの$00から持ってくると考えるのが、ある意味普通の考え方かもしれませんが、6502では、それを同じページの、下位アドレスが$00から読み込んでくるのです。たとえば、アドレスとして$8FFを指定してインダイレクトモードを使うと、実効アドレスの下位バイトは指定通りの$8FFから読み込みますが、上位バイトは$900ではなく、$800から読み込むのです。

　これは、もちろん境界をまたぐようなアドレスを指定しなければ良いだけの話ですし、16ビットのアドレスの下位バイトを、必ず偶数アドレスに置くようにするだけで確実に防ぐことができます。たぶん、多くのプログラマーは何も言われなくても普通にそうするので、あまり問題になることはありませんでした。これも、思い切り割り切った6502の仕様と考えることができるでしょう。ただし、オリジナ

ルの設計者はそう考えたとしても、それよりも割り切り方の足りない後のエンジニアは、これは仕様ではなくバグだと考えたのかもしれません。6502の後期型とも言える65C02などでは、ページの境界をまたいだインダイレクトアドレッシングが可能となりました。しかし、それはそれで困ったものです。初期の6502との完全な互換性が損なわれてしまうからです。この互換性問題を回避するには、どのみちページの境界をまたがないようにインダイレクトモードを使うしかなく、結局元の6502と何も変わらないということになってしまいます。つまり、これもそれほど無謀な割り切りではなかった、ということになるでしょう。

●インデックスト・インダイレクト

　インダイレクトモードの別の形が、このインデックスト・インダイレクトです。これは先頭に「インデックスト」が付いていることから分かるように、インデックスレジスターでアドレスを修飾するモードです。ただし、これまでに見てきたインデックストモードと異なり、ここで使えるのはXレジスターだけです。また、命令コードで指定できるのは、16ビットのアドレスではなく、8ビットのゼロページアドレスです。その意味で、このモードに丁寧な名前を付けるとすれば、「インデックスト・ゼロページ・インダイレクト」ということになるでしょう。

　ただし、先に説明したインデックスト・ゼロページとは根本的に異なる部分があります。それは、インデックスしたゼロページから読み込むのは、8ビットのアドレス（ゼロページ内のロケーション）ではなく、16ビットのフルアドレスであるということです。これは「インダイレクト」、つまり間接アドレッシングなので、当然といえば当然のことです。つまり、命令コードで指定した値にXレジスターの値を足して、まず8ビットのゼロページのアドレスを得ます。そして、そのアドレスのメモリの内容を下位8ビット、そのアドレス＋1のアドレスの内容を上位8ビットとする16ビットアドレスが、最終的な実効アドレスとなるのです。最初にゼロページ内の8ビットアドレスを計算する部分も、そこから16ビットのアドレスを読み込む部分も、ゼロページ内で折り返すのは、ゼロページがからむ他のモードと同じです。

　このアドレスの決め方を、やはり簡略式として表すと、以下のようになるでしょう。紛らわしくなるので、インデックスを加えた値がゼロページ内で折り返すようにする部分は省略しています。

```
(($00xx ＋ X) ＋ ($00xx ＋ X ＋ 1) ✕ $100)
```

　このモードで使える命令は8種類だけです。基本的なところから挙げると、ま
ずAレジスターのロード、ストア命令、LDAとSTA、加算、減算命令のADCと
SBC、そして3つの論理演算命令、AND、EOR、ORA、最後はAレジスターとメ
モリの値を比較するCMPです。

●インダイレクト・インデックスト

　インダイレクトモードのさらに別の形が、このインダイレクト・インデックスト
です。先に説明したのと名前の語の順番が逆なだけで、紛らわしく感じられるか
もしれませんが、もちろん、この順番が大きな意味を持っています。言ってみれ
ば、先にインデックスして、その結果でインダイレクトするか、あるいは先にイン
ダイレクトして、その後でインデックスするかの違いです。このモードは後者な
ので、まず命令コードで指定された1バイトのゼロページアドレスから16ビット
アドレスの下位8ビット、そのゼロページアドレス+1から上位8ビットを読み込
んで16ビットアドレスとします。ここまでがインダイレクトのパートです。そし
て、そのアドレスにインデックスレジスターの値を加えたものが最終的な実効アド
レスになります。ここで使えるインデックスレジスターはYレジスターだけです。
ちょっと紛らわしい2つのアドレッシングモードで、XレジスターとYレジスター
を使い分けているような形になっています。

　このアドレスの決め方を、やはり簡略式として表すと、以下のようになるでしょ
う。紛らわしくなるので、インデックスを加えた値がゼロページ内で折り返す部分
は省略しています。

(((\$00xx) ＋ (\$00xx ＋ 1) ✕ \$100) ＋ Y)

　このモードで使える命令は、やはり8種類で、内訳は上のインデックスト・イン
ダイレクトと同じです。念のために挙げておくと、Aレジスターのロード、ストア
命令、LDAとSTA、加算、減算命令のADCとSBC、3つの論理演算命令、AND、
EOR、ORA、そしてCMPの8つです。

●リラティブ

　「リラティブ（Relative）」とは、「相対的」という意味です。これは「絶対的」、つ
まりアブソリュートに対するモードという意味を持っています。ちょっとインデッ

クストモードと似ている部分もありますが、基準となるアドレスは自由に指定できるわけではなく、常に現在の PC、つまりプログラムカウンターとなります。つまり、これは相対ジャンプを実現するためのアドレッシングモードというわけです。

　プログラムカウンター、つまりこの命令の次の命令が置かれているアドレスに、命令コードで指定した8ビットのオフセット値を加えたアドレスにジャンプします。このオフセット値は符号を意識します。つまり $00 から $7F は正、$80 から $FF は負の数として扱います。現在のプログラムカウンターに正の数を加えれば、プログラムとしては先の方、つまりアドレスの大きい方にジャンプし、負の数を加えれば前の方、つまりアドレスの小さい方にジャンプすることになります。

　このモードが使える命令は、すべて相対ジャンプ命令です。8種類だけなので、全部まとめて挙げておきましょう。

```
BCC (Branch if Carry Clear)
BCS (Branch if Carry Set)
BEQ (Branch if Equal)
BMI (Branch if Minus)
BNE (Branch if Not Equal)
BPL (Branch if Positive)
BVC (Branch if Overflow Clear)
BVS (Branch if Overflow Set)
```

　個々の命令の意味は第4章で説明しますが、この8種類の相対ジャンプ命令を見て、何か気付くことはないでしょうか。そう、これらは全部、ある条件が成立したときにだけ分岐するものです。なんと、6502 には無条件の相対ジャンプ命令がないのです。もちろん 6800 には、無条件の相対ジャンプ命令、BRA があります。6502 以外のたいていの CPU にもあるでしょう。これも 6502 の大胆な割り切りの1つです。

　無条件ジャンプをしたければ、絶対ジャンプ（JMP）を使うか、その時点で必ず成立しているはずの条件を指定して条件相対ジャンプを使うことになります。例えば、キャリーフラグをクリアする CLC 命令を実行してから、BCC 命令でジャンプすれば、無条件の相対ジャンプ命令と同じことになります。

　ジャンプ自体の実行速度は、絶対でも相対でも同じですが、プログラムコードを1バイトでも短くしたければ、後者を使うことになります。ただし、相対ジャンプではジャンプできる範囲が、-128 から +127 の間という制約があるので、いずれにしても臨機応変に選択するということになります。

●インプライド

　「インプライド（Implied）」とは、「暗黙の」という意味です。つまり、アドレッシングモードによって命令の対象となる何かを指定するまでもなく、その命令に対しては一意に操作の対象が決まっているということになります。そう言えば、最初に説明したアキュムレーターモードも、一種のインプライドということになるかもしれません。しかし、アキュムレーターモードで使える4つのシフト、回転命令は、オペランドを指定することで、他のモードでも使えるものでした。この点でインプライドモードの命令とは異なります。つまり、インプライドモードで使える命令は、インプライドモードでしか使えないわけです。

　このような、インプライドモードでだけ使える命令は、全部で25種類あります。必然的に各種レジスターの操作や、CPU自体の動作モードの設定などに関わるものが多くなっています。ここで一通り挙げておきますが、内容の説明は第4章に譲ります。

```
BRK (Force Interrupt)
CLC (Clear Carry Flag)
CLD (Clear Decimal Mode)
CLI (Clear Interrupt Disable)
CLV (Clear Overflow Flag)
DEX (Decrement X Register)
DEY (Decrement Y Register)
INX (Increment X Register)
INY (Increment Y Register)
NOP (No Operation)
PHA (Push Accumulator)
PHP (Push Processor Status)
PLA (Pull Accumulator)
PLP (Pull Processor Status)
RTI (Return from Interrupt)
RTS (Return from Subroutine)
SEC (Set Carry Flag)
SED (Set Decimal Flag)
SEI (Set Interrupt Disable)
TAX (Transfer Accumulator to X)
TAY (Transfer Accumulator to Y)
TSX (Transfer Stack Pointer to X)
```

6809が拡張した
「ダイレクト(ゼロページ)モード」

6502のゼロページを利用したアドレッシングモードは、6800ではダイレクトモードに相当するということは本文中で述べた通りです。ただし、6502のゼロページモードと6800のダイレクトモードを比べると、名前以外にもいろいろと違いがありました。1つには、これらのモードで使える命令の種類が6800よりも6502の方がかなり多いこと。もう1つは、6502では、ゼロページがからむ、やや複雑なアドレッシングモードのバリエーションが、いろいろあるということです。例えば、ゼロページと、インデックスレジスターを組み合わせたインデックスト・ゼロページや、そこにさらにインダイレクト(間接)なアクセスを組み合わせたモードなどがありました。いずれにしても、6502のゼロページがからむアドレッシングモードは、6800のダイレクトモードよりもずっと強力なのです。

モトローラの6809は、6800の正統な後継CPUですが、アドレッシングモードについても、いろいろな拡張を盛り込んでいます。しかし、6502と比べると、ちょっと違った方向への拡張となっていて、なかなか興味深いものがあります。もちろん、CPUの世代としては、6502よりもさらに新しく、6502と違って大メーカー(当時はインテルと並ぶ世界の2大CPUメーカーの1つ)の製品でもあり、集積度もかなり上がっているので、いわば「王道」的な拡張の路線を取ったものと考えられます。

ダイレクトモードを比べると、6800では使えなかったメモリデータのシフトやローテートなどの命令が、6809では使えるようになっています。これについてだけ言えば、6502に追いついたと言えないこともないというところでしょうか。

しかし6809のダイレクトモードの最大の特長は、ダイレクトモードがゼロページ以外のページでも使えるようになったことにあります。それは、ダイレクトページ(DP)レジスターという8ビットのレジスターを新設して、それによってダイレクトモードでアクセスするページ番号を指定できるようにしたものです。つまり、DPレジスターの値が0なら、6800のダイレクトモードや6502のゼロページモードと同様、メモリアドレスの$0000〜$00FFの範囲をアクセスしますが、たとえばDPレジスターに4という値をセットすれば、$0400〜$04FFの範囲をダイレクトモードでアクセスできるのです。もちろんDPレジスターには、$00から$FFの値をセットできるので、結局16ビットアドレスの全域でダイレクトモードが使えるようになりました。これは、6502としても、ちょっとうらやましくなるような機能だったかもしれません。

ほかにも、アドレッシングモードに関して、ちょっとだけ6502に近づいたと思われるような部分もあります。それは、インデックスレジスターとして6800にもあったXに加えてYが設けられたことです。ただし、これらのインデックスレジスターの大きさは16ビットで、使い勝手は6502とは

だいぶ違います。

　もう1つ、6809ならではのアドレッシングモードを紹介しておきます。それは、オートインクリメント／デクリメント・インデックストというものです。名前だけで分かってしまうかと思いますが、インデックスレジスターで修飾したアドレッシングを指定した命令を実行すると、インデックスレジスターの値が1または2だけ、自動的に増えたり減ったりするというものです。変化が1か2かは、その命令で扱うデータが1バイトなのか、2バイトなのかによります。これは、C

言語で変数の値を自動的にインクリメント／デクリメントするi++とかi--とかいった表現と似たような使い勝手となり、プログラムを短く明確に書く上で非常に役立つものです。このあたりも、6502ユーザーの目からしてもうらやましく感じられる部分でした。

　他にもアドレッシングモードの違いはいろいろありますが、6809について詳しく解説するのは本書の範疇ではないので、これくらいにしておきましょう。

第4章
6502のインストラクションセット

この章からは、もはや6800との比較からは離れて、6502そのものについて、より詳しく、深く見ていくことにします。この章で取り上げるのは、6502の「インストラクションセット」です。「インストラクション」というのはCPUの命令そのもので、その「セット」というのは「全命令」といった程度の意味と考えてよいでしょう。つまりこの章では6502の全命令を取り上げて、それらの意味、細かな動きなどを見ていきます。すでに前章でアドレッシングモードについては詳しく述べたので、それ以外の部分が中心となります。

4-1　　　　8×8のマトリクスで見るインストラクション一覧 ……………………………… 082
4-2　　　　アルファベット順インストラクション解説……………………………………… 091

4-1 ┃ 8×8のマトリクスで見る インストラクション一覧

●1バイトに軽く収まる全命令語

　前の章でも述べましたが、CPUの機械語命令は、オペコード（命令語）とオペランド（パラメータ）からなります。ただし、アドレッシングモードによっては、オペランドがなく、オペコードだけで成立する命令もあります。たとえば、インプライドモードやアキュムレーターモードの命令がそれに相当します。6502の場合、オペランドに関しては、イミディエイトモードやゼロページ系のモードでは1バイト、アブソリュート系のモードでは2バイトと決まっているので、オペランドは最大2バイトです。そして、オペコードに関しては、アドレッシングモードによらず、常に1バイトです。したがって、オペコードとオペランドを合わせた命令長は、1、2、3バイトのいずれかということになります。

　オペコードが1バイトで表現できるということは、命令の種類は、256以内でなければなりません。それはアドレッシングモードのバリエーションも含めてのことです。オペコード以外に、アドレッシングモードを表現できる場所がないからです。逆に言えば、すべての命令の種類と、すべてのアドレッシングモードが1バイトで表現できるように設計されているということです。ここでは、その1バイトのコードに、命令がどのように割り当てられているのかを見ることから始めましょう。1バイトを構成する上位4ビット（ニブル）を縦に、下位4ビットを横に取って表にすると、16×16で、256のマスがある表になります。マスの数だけを見れば正方形ですが、中に命令コードとアドレッシングモードを書くと、かなり横長の表になってしまうので、左半分（図1）、つまり下位ニブルが$0〜7の範囲と、右半分（図2）、下位ニブルが$8〜Fの範囲とに分けて示しましょう。言うまでもなく、いずれも上位ニブルは$0〜$Fの全範囲となります。

図1：6502の1バイト命令コード一覧左側

下位＼上位	0	1	2	3	4	5	6	7
0	BRK	ORA - (Indirect, X)	NOP	NOP	NOP	ORA - Zero Page	ASL - Zero Page	NOP
1	BPL	ORA - (Indirect), Y	NOP	NOP	NOP	ORA - Zero Page, X	ASL - Zero Page, X	NOP
2	JSR	AND - (Indirect, X)	NOP	NOP	BIT - Zero Page	AND - Zero Page	ROL - Zero Page	NOP
3	BMI	AND - (Indirect), Y	NOP	NOP	NOP	AND - Zero Page, X	ROL - Zero Page, X	NOP
4	RTI	EOR - (Indirect, X)	NOP	NOP	NOP	EOR - Zero Page	LSR - Zero Page	NOP
5	BVC	EOR - (Indirect), Y	NOP	NOP	NOP	EOR - Zero Page, X	LSR - Zero Page, X	NOP
6	RTS	ADC - (Indirect, X)	NOP	NOP	NOP	ADC - Zero Page	ROR - Zero Page	NOP
7	BVS	ADC - (Indirect), Y	NOP	NOP	NOP	ADC - Zero Page, X	ROR - Zero Page, X	NOP
8	NOP	STA - (Indirect, X)	NOP	NOP	STY - Zero Page	STA - Zero Page	STX - Zero Page	NOP
9	BCC	STA - (Indirect), Y	NOP	NOP	STY - Zero Page, X	STA - Zero Page, X	STX - Zero Page, Y	NOP
A	LDY - Immediate	LDA - (Indirect, X)	LDX - Immediate	NOP	LDY - Zero Page	LDA - Zero Page	LDX - Zero Page	NOP
B	BCS	LDA - (Indirect), Y	NOP	NOP	LDY - Zero Page, X	LDA - Zero Page, X	LDX - Zero Page, X	NOP
C	CPY - Immediate	CMP - (Indirect, X)	NOP	NOP	CPY - Zero Page	CMP - Zero Page	DEC - Zero Page	NOP
D	BNE	CMP - (Indirect), Y	NOP	NOP	NOP	CMP - Zero Page, X	DEC - Zero Page, X	NOP
E	CPX - Immediate	SBC - (Indirect, X)	NOP	NOP	CPX - Zero Page	SBC - Zero Page	INC - Zero Page	NOP
F	BEQ	SBC - (Indirect), Y	NOP	NOP	NOP	SBC - Zero Page, X	INC - Zero Page, X	NOP

図2:6502の1バイト命令コード一覧右側

下位＼上位	8	9	A	B	C	D	E	F
0	NOP	ORA - Immediate	ASL - Accumulator	NOP	NOP	ORA - Absolute	ASL - Absolute	NOP
1	CLC	ORA - Absolute, Y	NOP	NOP	NOP	ORA - Absolute, X	ASL - Absolute, X	NOP
2	PLP	AND - Immediate	ROL - Accumulator	NOP	BIT - Absolute	AND - Absolute	ROL - Absolute	NOP
3	SEC	AND - Absolute, Y	NOP	NOP	NOP	AND - Absolute, X	ROL - Absolute, X	NOP
4	PHA	EOR - Immediate	LSR - Accumulator	NOP	JMP - Absolute	EOR - Absolute	LSR - Absolute	NOP
5	CLI	EOR - Absolute, Y	NOP	NOP	NOP	EOR - Absolute, X	LSR - Absolute, X	NOP
6	PLA	ADC - Immediate	ROR - Accumulator	NOP	JMP - Indirect	ADC - Absolute	ROR - Absolute	NOP
7	SEI	ADC - Absolute, Y	NOP	NOP	NOP	ADC - Absolute, X	ROR - Absolute, X	NOP
8	DEY	NOP	TXA	NOP	STY - Absolute	STA - Absolute	STX - Absolute	NOP
9	TYA	STA - Absolute, Y	TXS	NOP	NOP	STA - Absolute, X	NOP	NOP
A	TAY	LDA - Immediate	TAX	NOP	LDY - Absolute	LDA - Absolute	LDX - Absolute	NOP
B	CLV	LDA - Absolute, Y	TSX	NOP	LDY - Absolute, X	LDA - Absolute, X	LDX - Absolute, Y	NOP
C	INY	CMP - Immediate	DEX	NOP	CPY - Absolute	CMP - Absolute	DEC - Absolute	NOP
D	CLD	CMP - Absolute, Y	NOP	NOP	NOP	CMP - Absolute, X	DEC - Absolute, X	NOP
E	INX	SBC - Immediate	NOP	NOP	CPX - Absolute	SBC - Absolute	INC - Absolute	NOP
F	SED	SBC - Absolute, Y	NOP	NOP	NOP	SBC - Absolute, X	INC - Absolute, X	NOP

　これを見て、最初に気付くのはどんなことでしょうか。まず、「NOP」と書かれたグレーのマスが、やけに多いことが気になるのではないでしょうか。NOP は、No OPeration の略で、その命令語を実行しても何も起こらないことを示しています。数えてみると、NOP は 105 個あります。全部で 256 個の命令語のうちの 105 個なので、4 割強が NOP、言い換えれば未定義の命令ということになります。つまり、6502 の命令コードは、1 バイトでもまったく余裕で足りていることになります。ただ、6502 にとって本当の NOP はオペコードが $EA となっていて、他は

NOPと同等と考えたほうが良いかもしれません。あるいは $EA 以外の NOP は未
定義命令で、それを実行しても NOP と同じ、ということになります。いずれにせよ、
意図的に NOP を使う場合には、$EA を使うべきでしょう。

C　　　O　　　L　　　U　　　M　　　N

NOP 命令が必要なわけ

　NOPのように、「何もしない」というような命令がなぜ必要なのか、疑問に思う人も多いかもしれません。現在のプログラミング言語では、何も起こらない命令があることは、ちょっと考えにくいからです。アセンブラーでプログラミングする際にも、プログラムの動きだけを考えれば、なくても済むものでしょう。しかしNOPには、ちょっと考えても2つの大きな存在意義があります。

　1つは、一種のスペーサー、あるいはプレースホルダーとしての機能です。機械語プログラムをメモリ上で直接デバッグする際に、一時的にプログラムを変更して、命令を削除してみたいことがあります。今で言えば、ソースコードの一部をコメントアウトするようなものですね。そのときは、メモリに置かれた命令コードをNOPにすれば良いのです。すでにメモリ上にある機械語プログラムの場合、命令を削除して後ろから詰める、ということはしにくいので、既存の命令コードをオペランドも含めてNOPで上書きするのが簡単なのです。

　もう1つは、一種の時間待ちのための機能です。プログラムの実行のタイミングを調整したい場合に、NOPを挿入することで、その分だけ実行時間を使うことができます。NOPは何もしないと書きましたが、実は「時間を使う」ことだけはするのです。6502の場合、NOPの実行にはCPUの2クロック分の時間がかかります。このような命

令は2サイクルで実行可能な命令ということになります。これは、プログラムカウンターがNOPの命令に差し掛かってから、次の命令に移動するまでの時間です。命令コードを読み込んで、それをデコードしてどの命令なのかを認識し、それに応じた動作をする（NOPの場合は何もしない）時間を含みます。初期の6502を採用したマシンのクロック周波数は、たいていほぼ1MHzだったので、2クロックでは2μ秒ということになります。

　何もしない実行時間を浪費するだけで、何の意味があるのかと思われるかもしれません。しかし、それはそれで立派な役割があります。例えば、ソフトウェアによって矩形波を発生させるようなことは、当時の機械語プログラムではよくありました。どこかのポートの値をオンにして一定時間後にオフにし、また一定時間後にオンにするということを繰り返します。この「一定時間」は、ループなどを使って時間待ちするわけですが、最終的に細かな調整には、NOPなどのサイクル数の少ない命令を使います。オンになっている時間とオフになっている時間の比率（これをデューティー比と言います）が、ちょっとでもずれると、音なら濁った音になります。デューティー比をびったり合わせると、きれいな波形を作ることができます。音ならば、濁りのない純粋な音程の音を鳴らすことができるのです。

●命令コードの中で命令の種類を表すビットパターン

　6502のような初期のCPUの中身は、もちろんすべてハードウェアです。当たり前だろうと思われるかもしれませんが、CPUが発達してくると、内部にマイクロコードと呼ばれるソフトウェアを内蔵し、ソフトウェアによってCPU内部の動作が決まるようになってきます。6502あたりのCPUは、すべてハードウェアロジックで動作する、一種の論理回路の塊に過ぎません。命令コードをデコードする部分、つまり命令コードのビットパターンを解釈してどんな命令か判断する部分も、論理回路の組み合わせで動いています。そのため、命令コードと命令との対応の間には、かなり規則的な結びつきがあるはずです。そうすることで、できるだけシンプルな回路で命令をデコードできるようにしたいからです。ここでは、その命令コードの全貌を解き明かすわけにはいきませんが、どのような傾向があるのか、ちょっと探ってみることにしましょう。

　これまでにも再三述べてきているように、命令コードは、8ビットの中で命令の種類とアドレッシングモードの両方を表しているはずです。先の命令コードの一覧を見ると、確かに命令の種類とアドレッシングモードの並び方に、何らかの規則性があるようにも感じられます。ここでは、まずアドレッシングモードが豊富な1つの命令を取り上げ、命令コードのビットパターンによって、どのようにアドレッシングモードが変化するかを見てみることにしましょう。というわけで、アドレッシングモードがもっとも豊富に揃っている命令の1つ、LDA（Load Accumulator）を取り上げます。この命令コードのアドレッシングモードによる変化を、ビット単位で比較してみましょう（図3）。

図3:6502のLDA命令の命令コードビットパターン

アドレッシングモード	命令コード（16進）	ビットパターン
(Indirect, X)	A1	1010 0001
(Indirect), Y	B1	1011 0001
Zero Page	A5	1010 0101
Zero Page, X	B5	1011 0101
Immediate	A9	1010 1001
Absolute, Y	B9	1011 1001
Absolute	AD	1010 1101
Absolute, X	BD	1011 1101

　これを見ると、LDA命令のコードは、アドレッシングモードによらず、常に上位ニブルがAかBであることにまず気付くでしょう。共通部分は上位3ビットが

101 で、上から 4 番めのビットは 0 の場合（A）と 1 の場合（B）があります。これを 101x と表すことにしましょう。とはいえ、上位ニブルが A か B の命令、つまり上位 4 ビットのビットパターンが 101x の命令は他にもいろいろあるので、上位ニブルだけで命令を決めることはできないことも分かります。

　そこで今度は下位ニブルを見ると、LDA 命令は、1、5、9、D のいずれかです。ビットパターンを見ると、1 は 0001、5 は 0101、9 は 1001、D は 1101 なので、これらの共通部分は最下位 2 ビットが 01 であることです。これは、xx01 と表現できます。

　ということで、上位と下位のニブルを合わせると、101x xx01 が LDA の命令を表していることになりそうです。

　本当にそうでしょうか。簡単に確かめてみましょう。このパターンに相当する命令コードの部分に、LDA 以外の命令がなければ、とりあえずそのパターンと命令の結びつきは 1 対 1 に対応していることになります。ここでもう一度、先の命令コード一覧表を見てみると、上位ニブルが B か C で、下位ニブルが 1、5、9、D の位置（全部で 8 ヶ所）には、LDA 以外の命令は当てはめられていないことが分かります。つまり、101x xx01 というのは、LDA 命令を表す固有のビットパターンだと言うことができるのです。

●命令コードの中でアドレッシングモードを表すビットパターン

　それでは、LDA 命令を表す 101x xx01 というビットパターンの中で、x で表している部分は何なのでしょうか。命令コード全体で命令の種類とアドレッシングモードを表しているとしたら、この xxx の連続する 3 ビットの部分がアドレッシングモードを表していると類推するのは当然のことです。アドレッシングモードのパターンを探るのに、LDA 命令だけを見ていてもよく分からないので、いったん LDA から離れて再び先の命令コードの一覧表を別の視点からながめてみましょう。

　アドレッシングモードに注目して見直してみると、特徴的なパターンで異なるモードが並んでいる場所があることに気付きます。それは、下位ニブルの値が同じで、上位ニブルだけが変化するグループ、つまり一覧表で言うと、縦に並んでいるグループです。特に下位ニブルが 1、5、6、9、D、E の 6 列はパターンがはっきりと分かります。下位ニブルが 1 の列は、(Indirect, X) と (Indirect), Y が交互に並んでいますね。同様に、5 と 6 の列は、Zero Page と Zero Page, X が、9 の列は、Immediate と Absolute, Y が、D と E の列は Absolute と Absolute, X が、いずれも 1 つずつ交互に並んでいます。

　これだけから直感的に言えるのは、やはり上位ニブルのどこかのビットパターンと、下位ニブルのどこかのビットパターンの組み合わせによって、アドレッシングモードが決まるのではないかということです。これは、LDA の場合の命令の種類を決めていた 101x xx01 というビットパターンの真ん中の xxx の部分でアドレッシングモードが決まるのではないかという推測とも矛盾しません。

　もう少し詳しく見ていきましょう。まず、アドレッシングモードのグループを変化させる 6 種類の下位ニブルの値をビットパターンで見てみると、1 は 0001、5 は 0101、6 は 0110、9 は 1001、D は 1101、E は 1110 となっています。これらを構成する 4 ビットは、6 通りのパターンすべてで固定されたビットは見当たらず、ここから何らかの規則性を読み取るのは難しいようにも思えます。しかし、もう一度命令コードの一覧表に戻って見直してみると、5 と 6、D と E は、それぞれ Zero Page と Zero Page, X、そして Absolute と Absolute, X が交互に繰り返されています。つまり、5 と 6、D と E は、アドレッシングモードのグループとしては同じ、ということになります。そこで、5 と 6、D と E のビットパターンを見直してみると、下位 2 ビットが 01 と 10 で異なっていますが、下位ニブルの上位 2 ビットは、5 も 6 も 01 で共通、D も E も 11 で共通であることに気付きます。ということは、アドレッシングモードを変えるビットパターンとしては、下位ニブルの上位 2 ビットが 00（下位ニブルが 1）、01（下位ニブルが 5 と 6）、10（下位ニブルが 9）、11（下位ニブルが D と E）の 4 通りあることになります。

　また、命令コードの一覧表の中で、縦に隣り合うマスのアドレッシングモードが 2 種類交互に変化しているということは、上位ニブルの下位 1 ビットが 0 か 1 かによって変化していることです。つまり、今注目している 6 つの列に関して言えば、上位ニブルの下位 1 ビットと、下位ニブルの上位 2 ビットで、アドレッシングモードが決まることになります。これは、LDA 命令のビットパターン、101x xx01 の xxx の部分に他なりません。

　整理しましょう。少なくとも、ここまで注目してきた 6 列、つまり下位ニブルの値が、1、5、6、9、D、E の各列について言えば、上位ニブルの下位 1 ビットと、下位ニブルの上位 2 ビットの計 3 ビットでアドレッシングモードが決まることになります。3 ビットなので 8 通りですね。対応は図 4 のようになります。

図4:6502のアドレッシングモードを決めるビットパターン

第4ビット	第3ビット	第2ビット	アドレッシングモード
0	0	0	(Indirect, X)
0	0	1	Zero Page
0	1	0	Immediate
0	1	1	Absolute
1	0	0	(Indirect), Y
1	0	1	Zero Page, X
1	1	0	Absolute, Y
1	1	1	Absolute, X

　このパターンは、これまで見てきた6列以外のグループにも適用できる場合もあるのですが、6列以外では例外も出てきます。例えば、下位ニブルが4の列は、上の表のビットパターンで言えば、001か101なので、Zero PageとZero Page, Xが交互に並ぶはずです。半分ほどNOPが混じっていますが、確かにそれ以外はそのパターンでアドレッシングモードが並んでいます。しかし、下位ニブルの値がCの列は、上の表のビットパターンで言えば、011か111なので、AbsoluteとAbsolute, Xが交互に並ぶはずです。しかし、命令コードが$6Cの位置にあるJMP命令のアドレッシングモードはAbsoluteではなく、Indirectになっています。これは、はっきりした例外です。

　また、これは例外というよりも、まったく別の系列と考えるべきものですが、下位ニブルが0と8の列は、多くの命令がインプライドモードのものであって、ここまでに解明したようなアドレッシングモードのパターンは、まったく適用できないことも明らかです。つまり、ここまで見てきたような8種類のアドレッシングモードのパターンが通用するのは、下位ニブルが1、5、6、9、D、Eと、それに4を加えた7列ということになります。

　いずれにしても、ビットパターンの意味を少し覚えておけば、命令コードと命令の対応をすべて「暗記」しなくても、命令コードを見ただけで、大半の命令の種類と、そのアドレッシングモードが、だいたい分かるようになることが分かりました。これは、ほとんど緊急事態だけかもしれませんが、6502の機械語プログラムを目で見て直接読む必要が生じた場合には、多少の助けになるでしょう。とはいえ、下位ニブルが0か8、ビットパターンで言えばx000の、いわば例外的な領域と、下位ニブルが2、A、Cの列のいくつかの命令については、やはりコードを暗記していないと、直接機械語を読むのはむずかしいかもしれません。

　こうした命令コードのビットパターンを解析する作業を根気よく続けていくと、最終的にはCPUのデコード回路を設計するために必要な情報がすべて揃うことに

なります。もちろん命令のデコードだけでCPUが設計できるわけではありません
が、それはCPUの中でも非常に重要な部分には違いありません。こうした仕組み
に興味を覚えた人は、CPU内部での演算や、メモリとのやりとりを実行する論理
回路も検討し、最終的な目標として、自分で6502と同等なCPUを設計すること
に挑戦してみてはいかがでしょうか。

4-2 アルファベット順インストラクション解説

●6502インストラクションセット一覧の見方

　ここでは、いよいよ 6502 のインストラクションセットの全貌を詳細に見ていくことにしましょう。少なくとも、6502 を機械語で直接、またはアセンブラーによってプログラムする際にも、全 56 命令について、これ以上の情報は必要ない、というレベルの最大限に詳しい内容です。また、仮にこれ以上詳しい情報があったとしても、一般に公開される類のものではないでしょう。

　まずは、当時、俗に赤本（Red Book）と呼ばれた Apple II のリファレンスマニュアルに掲載されている形で全命令の一覧表を示し、その後、それぞれの命令について補足的な説明を加えることにします。ただし、Apple II のリファレンスマニュアルに掲載されているインストラクションの説明には、1 つ重要な情報が欠如しています。それは、その命令を実行するのに必要な CPU のサイクル数です。すでに述べたように、それがなくても、各命令の機能を知ってプログラムするのには、まったく困らないのですが、ソフトウェアによって微妙なタイミングを合わせようとした場合には、知る必要が出てきます。ここでは、そのサイクル数の情報も含めて、表にまとめました。1970 年代の終わりから 1980 年代の初頭に、Apple II で機械語プログラムを書く際に、この情報が一覧表になくて不便だと感じていた人もいたに違いありません。少なくとも私自身は時々そう感じていました。今さら手遅れという感もありますが、何十年越しかで、それを補完した表を、ここに掲載できることには不思議な感慨があります。

　この表には、「ニーモニック」、「動作」、「フラグの変化」、「可能なアドレッシングモード」、「OP コード」、「命令バイト数」、「実行サイクル」という項目があります。

　「ニーモニック」という語は聞き慣れない、と思われる人もいるかもしれませんが、6502 に限らず、CPU の命令をアルファベットの略号で表したものを、こう呼びます。元の英語の「mnemonic」の意味が「記憶を助けるもの」であることを考えると、納得できるでしょう。アセンブリ言語でプログラムする場合も、逆アセンブラーを使って機械語プログラムを読む場合も、この略号が使われます。それならば、命令コードと 1 対 1 に対応した名前かと思われるかもしれませんが、それはちょっ

と違います。各命令の命令コードは、アドレッシングモードによって異なるからです。つまり、大まかな動作、あるいは命令の目的、意味としては同じでも、アドレッシングモードが異なる命令を、まとめて1つの名前で表したものがニーモニックです。そう考えると、非常に重要な役割を果たしていることが分かります。この表には、ニーモニックに加えて、そのニーモニックの元になった英語の命令名を併記してあります。個々の命令の日本語で表現した意味は、表の後で、個別に示します。

　「動作」は、その命令の動きを、できるだけ数式的に表現したものです。これも、Apple IIのリファレンスマニュアルにあった表記に準じていますが、中には独自に補ったものもあります。ここで全体的な数式の読み方を解説するよりも、個別の命令について意味を示したほうが分かりやすいと思われるので、表の後の個別の命令の解説を、式と照らし合わせて理解してください。

　「フラグの変化」は、6502が持っているNZCIDVの各フラグについて、それぞれの命令の後、結果に応じて変化するものと変化しないものを、明確にしています。基本的に、命令の結果がどうなっても変化しないものには「−」、結果に応じて変化するものには「✓」マークを付けています。ただし、命令によっては、変化するかしないかだけでなく、変化する場合はどのような値になるのかを表の中で示しているものもあります。

　「可能なアドレッシングモード」は、その命令で使えるアドレッシングモードの一覧です。前の章では、アドレッシングモードごとに、それが使える命令を示しました。これは、その逆の視点で見た一覧ということになります。

　「OPコード」は、その命令の1バイトの命令コードです。これは、この章の前の節でも示した、命令コードの一覧表のものと一致しているはずです。このような16進数による表示では、命令コードの傾向を読み取るのはちょっと難しいのですが、これは、ニーモニックとアドレッシングモードから命令コードを調べる際には便利な表記ということになります。

　「命令バイト数」は、その命令がメモリ中で占めることになるバイト数です。6502の命令コードは常に1バイトですが、オペランドが付くかつかないか、付くとしたら何バイトか、ということでいくつかのバリエーションがあります。例えば、アキュムレーターやインプライドモードの命令は1バイトだけですが、ゼロページモードの命令はそれに1バイトが加わって計2バイト、アブソリュートモードなら命令コードに2バイトが加わって3バイトとなります。すでに述べた通り、6502の場合、命令バイト数は必ず1、2、3のいずれかで、それ以外はあり得ません。

　「実行サイクル」は、これもすでに何度か述べた通り、その命令を実行するのに

必要な時間をCPUクロックのサイクル数で計ったものです。このサイクル数も、同じ命令でもアドレッシングモードによって異なります。1つには、アドレッシングモードによって命令バイト数が異なるので、それをメモリから読み込んで解釈するのにかかる時間が異なるため、もう1つはアドレッシングモードによってCPU内部の動作の複雑さが変わってくるからです。

6502の場合、実行サイクル数の最小は2で、最大は7です。下の表を見ると、数字の後ろに「+」や「++」が付いているものが散見されます。「+」が1つだけ付いているものは、アドレッシングモードがインデックス系のものですね。これはインデックスレジスターの値を足すことで、結果の実行アドレスが、インデックスレジスターの値を足さない場合と比べてページをまたぐようになる場合には、1サイクル増えることを意味しています。一方、「++」が付いているものは、すべて条件ブランチ命令ですが、すべて元の数字は2です。これは、条件を調べた結果分岐しない場合には2、分岐する場合には3か4になるという意味です。分岐する場合に3なのは、同じアドレスページ内で分岐する場合、つまりプログラムカウンターの下位バイトだけが変化する場合です。分岐する場合に4となるのは、ページをまたいで分岐する場合、つまりプログラムカウンターの下位バイトだけでなく、上位バイトも変化する場合です。

図5-6502の全命令セット

ニーモニック	動作	フラグの変化 N Z C I D V	可能な アドレッシングモード	OPコード	命令バイト数	実行サイクル
ADC (Add Memory to Accumulator with Carry)	A + M + C → A, C	✓✓✓ – – ✓	Immediate Zero Page Zero Page, X Absolute Absolute, X Absolute, Y (Indirect, X) (Indirect), Y	69 65 75 6D 7D 79 61 71	2 2 2 3 3 3 2 2	2 3 4 4 4+ 4+ 6 5+
AND ("AND" Memory with Accumulator)	A ∧ M → A	✓✓ – – – –	Immediate Zero Page Zero Page, X Absolute Absolute, X Absolute, Y (Indirect, X) (Indirect), Y	29 25 35 2D 3D 39 21 31	2 2 2 3 3 3 2 2	2 3 4 4 4+ 4+ 6 5+
ASL (Shift Left One Bit Memory or Accumulator)	C ← 76543210 ← 0	✓✓✓ – – –	Accumulator Zero Page Zero Page, X Absolute Absolute, X	0A 06 16 0E 1E	1 2 2 3 3	2 5 6 6 7
BCC (Branch on Carry Clear)	Branch on C = 0	– – – – – –	Relative	90	2	2++
BCS (Branch on Carry Set)	Branch on C = 1	– – – – – –	Relative	B0	2	2++
BEQ (Branch on Result Zero)	Branch on Z = 1	– – – – – –	Relative	F0	2	2++

ニーモニック	動作	フラグの変化 N Z C I D V	可能な アドレッシングモード	OPコード	命令バイト数	実行サイクル
BIT (Test Bit in Memory with Accumulator)	A∩M M7→N M6→V	M7✓– – –M6	Zero Page Absolute	24 2C	2 3	3 4
BMI (Branch on Result Minus)	Branch on N=1	– – – – – –	Relative	30	2	2++
BNE (Branch on Result not Zero)	Branch on Z=0	– – – – – –	Relative	D0	2	2++
BPL (Branch on Result Plus)	Branch on N=0	– – – – – –	Relative	10	2	2++
BRK (Force Break)	Forced Interrupt PC +2↓P↓	– – – 1 – –	Implied	00	1	7
BVC (Branch on Overflow Clear)	Branch on V=0	– – – – – –	Relative	50	2	2++
BVS (Branch on Overflow Set)	Branch on V=1	– – – – – –	Relative	70	2	2++
CLC (Clear Carry Flag)	0→C	– – 0 – – –	Implied	18	1	2
CLD (Clear Decimal Mode)	0→D	– – – – 0 –	Implied	D8	1	2
CLI (Clear Interrupt Disable Bit)	0→I	– – – 0 – –	Implied	58	1	2
CLV (Clear Overflow Flag)	0→V	– – – – – 0	Implied	B8	1	2
CMP (Compare Memory and Accumlator)	A-M	✓✓✓ – – –	Immediate Zero Page Zero Page, X Absolute Absolute, X Absolute, Y (Indirect, X) (Indirect), Y	C9 C5 D5 CD DD D9 C1 D1	2 2 2 3 3 3 2 2	2 3 4 4 4+ 4+ 6 5+
CPX (Compare Memory and Index X)	X-M	✓✓✓ – – –	mmediate Zero Page Absolute	E0 E4 DC	2 2 3	2 3 4
CPY (Compare Memory and Index Y)	Y-M	✓✓✓ – – –	Immediate Zero Page Absolute	C0 C4 CC	2 2 3	2 3 4
DEC (Decrement Memory by One)	M-1→M	✓✓ – – – –	Zero Page Zero Page, X Absolute Absolute, X	C6 D6 CE DE	2 2 3 3	5 6 6 7
DEX (Decrement Index X by One)	X-1→X	✓✓ – – – –	Implied	CA	1	2
DEY (Decrement Index Y by One)	Y-1→Y	✓✓ – – – –	Implied	88	1	2
EOR ("Exclusive-Or" Memory with Accumulator)	A˅M→A	✓✓ – – – –	Immediate Zero Page Zero Page, X Absolute Absolute, X Absolute, Y (Indirect, X) (Indirect), Y	49 45 55 4D 5D 59 41 51	2 2 2 3 3 3 2 2	2 3 4 4 4+ 4+ 6 5+
INC (Increment Memory by One)	M+1→M	✓✓ – – – –	Zero Page Zero Page, X Absolute Absolute, X	E6 F6 EE FE	2 2 3 3	5 6 6 7
INX (Increment Index X by One)	X+1→X	✓✓ – – – –	Implied	E8	1	2

ニーモニック	動作	フラグの変化 N Z C I D V	可能な アドレッシングモード	OPコード	命令バイト数	実行サイクル
INY (Increment Index Y by One)	Y + 1 → Y	✓✓ – – – –	Implied	C8	1	2
JMP (Jump to New Location)	(PC + 1) → PCL (PC + 2) → PC	– – – – – –	Absolute Indirect	4C 6C	3 3	3 5
JSR (Jump to New Location Saving Return Address)	PC + 2 ↓ (PC + 1) → PCL (PC + 2) → PCH	– – – – – –	Absolute	20	3	6s
LDA (Load Accumulator with Memory)	M → A	✓✓ – – – –	Immediate Zero Page Zero Page, X Absolute Absolute, X Absolute, Y (Indirect, X) (Indirect), Y	A9 A5 B5 AD BD B9 A1 B1	2 2 2 3 3 3 2 2	2 3 4 4 4+ 4+ 6 5+
LDX (Load Index X with Memory)	M → X	✓✓ – – – –	Immediate Zero Page Zero Page, Y Absolute Absolute, Y	A2 A6 B6 AE BE	2 2 2 3 3	2 3 4 4 4+
LDY (Load Index Y with Memory)	M → Y	✓✓ – – – –	Immediate Zero Page Zero Page, X Absolute Absolute, X	A0 A4 B4 AC BC	2 2 2 3 3	2 3 4 4 4+
LSR (Shift Right one Bit Memory or Accumulator)	0 → 76543210 → C	0 ✓✓ – – –	Accumulator Zero Page Zero Page, X Absolute Absolute, X	4A 46 56 4E 5E	1 2 2 3 3	2 5 6 6 7
NOP (No Operation)	No Operation	– – – – – –	Implied	EA	1	2
ORA ("OR" Memory with Accumulator)	A ∨ M → A	✓✓ – – – –	Immediate Zero Page Zero Page, X Absolute Absolute, X Absolute, Y (Indirect, X) (Indirect), Y	09 05 15 0D 1D 19 01 11	2 2 2 3 3 3 2 2	2 3 4 4 4+ 4+ 6 5+
PHA (Push Accumulator on Stack)	A ↓	– – – – – –	Implied	48	1	3
PHP (Push Processor Status on Stack)	P ↓	– – – – – –	Implied	08	1	3
PLA (Pull Accumulator from Stack)	A ↑	– – – – – –	Implied	68	1	4
PLP (Pull Processor Status from Stack)	P ↑	– – – – – –	Implied	28	1	4
ROL (Rotate One Bit Left Memory or Accumulator)	C←76543210←	✓✓✓ – – –	Accumulator Zero Page Zero Page, X Absolute Absolute, X	2A 26 36 2E 3E	1 2 2 3 3	2 5 6 6 7
ROR (Rotate One Bit Right Memory or Accumulator)	→C→76543210	✓✓✓ – – –	Accumulator Zero Page Zero Page, X Absolute Absolute, X	6A 66 76 6E 7E	1 2 2 3 3	2 5 6 6 7
RTI (Return from Interrupt)	P ↑ , PC ↑	✓✓✓ ✓✓✓	Implied	40	1	6
RTS (Return from Subroutine)	PC ↑ , PC + 1 → PC	– – – – – –	Implied	60	1	6

ニーモニック	動作	フラグの変化 N Z C I D V	可能な アドレッシングモード	OPコード	命令バイト数	実行サイクル
SBC (Subtract Memory from Accumulator with Borrow)	A - M - ˉC → A,C (ˉC = Borrow)	✓✓✓ - - ✓	Immediate Zero Page Zero Page, X Absolute Absolute, X Absolute, Y (Indirect, X) (Indirect), Y	E9 E5 F5 ED FD F9 E1 F1	2 2 2 3 3 3 2 2	2 3 4 4 4+ 4+ 6 5+
SEC (Set Carry Flag)	1 → C	- - 1 - - -	Implied	38	1	2
SED (Set Decimal Mode)	1 → D	- - - - 1 -	Implied	F8	1	2
SEI (Set Interrupt Disable Status)	1 → I	- - - 1 - -	Implied	78	1	2
STA (Store Accumulator in Memory)	A → M	- - - - - -	Zero Page Zero Page, X Absolute Absolute, X Absolute, Y (Indirect, X) (Indirect), Y	85 95 8D 9D 99 81 91	2 2 3 3 3 2 2	3 4 4 5 5 6 6
STX (Store Index X in Memory)	X → M	- - - - - -	Zero Page Zero Page, Y Absolute	86 96 8E	2 2 3	3 4 4
STY (Store Index Y in Memory)	Y → M	- - - - - -	Zero Page Zero Page, X Absolute	84 94 8C	2 2 3	3 4 4
TAX (Transfer Accumulator to Index X)	A → X	✓✓ - - - -	Implied	AA	1	2
TAY (Transfer Accumulator to Index Y)	A → Y	✓✓ - - - -	Implied	A8	1	2
TSX (Transfer Stack Pointer to Index X)	S → X	✓✓ - - - -	Implied	BA	1	2
TXS (Transfer Index X to Stack Pointer)	X → A	✓✓ - - - -	Implied	8A	1	2
TXS (Transfer Index X to Stack Pointer)	X → S	- - - - - -	Implied	9A	1	2
TYA (Transfer Index Y to Accumulator)	Y → A	✓✓ - - - -	Implied	98	1	2

●ニーモニック解説

ADC（Add Memory to Accumulator with Carry）

　アキュムレーターの値に、オペランドで指定したイミーディエイト値、または指定したアドレスのメモリの値を加える加算命令です。前の章でも述べたように、6502にはキャリーフラグを含まない加算命令がないので、1バイトの足し算、あるいは複数バイトの数字のいちばん下のバイトの足し算、つまり無条件で繰り上がりがない足し算を実行する場合には、CLC命令などを使ってキャリーフラグをクリアしてから、この命令を実行します。

AND（"AND" Memory with Accumulator）

アキュムレーターの値と、オペランドで指定したイミーディエイト値、または指定したアドレスのメモリの値のビットごとの論理積を求めます。結果によって、ゼロフラグ、およびネガティブフラグが変化します。

ASL（Shift Left One Bit Memory or Accumulator）

Apple II のリファレンスマニュアルでの名前は動作の説明になっていて、「メモリまたはアキュムレーター（の値）を1ビット左にシフトする」というものですが、このニーモニックの元の名前は「Arithmetic Shift Left」だと考えられます。つまり、いわゆる算術的左シフトというわけで、簡単に言えば、元のメモリ、またはアキュムレーターの値を2倍にします。ただし、最上位ビットを符号と考える場合には、正の数を2倍すると負の数になってしまうことがあるので、注意が必要です。その場合にはネガティブフラグが立つので、簡単に判断できます。

BCC（Branch on Carry Clear）

キャリーフラグがオフの状態でこの命令を実行したときだけ、分岐が発生します。前の章で述べましたが、6502の条件分岐命令は相対ジャンプだけで、しかもオフセットは1バイトです。その1バイトで正負も表現します。つまりプログラムカウンターから先には $7F（+127）のアドレスまで、後ろには $80（-128）のアドレスまで飛ぶことができます。この命令を実行してもフラグは変化しません。

BCS（Branch on Carry Set）

キャリーフラグがオンの状態でこの命令を実行したときだけ、分岐が発生します。それ以外は BCC と同じです。

BEQ（Branch on Result Zero）

ゼロフラグがオンの状態でこの命令を実行したときだけ、分岐が発生します。それ以外は BCC や BCS と同じです。

BIT（Test Bit in Memory with Accumulator）

アキュムレーターとメモリ値とのビットごとの論理積を取って、メモリ値のビットの状態を調べるものです。1ビットずつ単独で調べることもできますが、複数ビットを同時に調べることも可能です。論理積の結果は捨てられてしまいますが、結果

がゼロになったかどうかはゼロフラグで分かります。また、結果の最上位ビットがネガティブフラグに、第6ビットがオーバーフローフラグにコピーされるので、その値のビットの状態を特定することもできます。

BMI（Branch on Result Minus）

　ネガティブフラグがオンの状態でこの命令を実行したときだけ、分岐が発生します。それ以外はその他の条件分岐命令と同じです。

BNE（Branch on Result not Zero）

　ゼロフラグがオフの状態でこの命令を実行したときだけ、分岐が発生します。それ以外はその他の条件分岐命令と同じです。

BPL（Branch on Result Plus）

　ネガティブフラグがオフの状態でこの命令を実行したときだけ、分岐が発生します。それ以外はその他の条件分岐命令と同じです。

BRK（Force Break）

　ソフトウェアによって割り込みを発生させるための命令です。この命令を実行すると、その時点のプログラムカウンターの値（2バイト）と、ステータスレジスター（1バイト）の値をスタックにプッシュして、IRQベクトルが示すアドレスにジャンプします。6502ではIRQベクトルは$FFFE 〜 $FFFFの2バイトで、Apple IIでは当然ながらROM領域です。Apple IIの場合、システムモニターに落ちて、プログラムカウンターの値とそのアドレスに置かれている命令のニーモニック表記、ステータスレジスターの値などを表示して止まります。

BVC（Branch on Overflow Clear）

　オーバーフローフラグがオフの状態でこの命令を実行したときだけ、分岐が発生します。後はその他の条件分岐命令と同じです。

BVS（Branch on Overflow Set）

　オーバーフローフラグがオンの状態でこの命令を実行したときだけ、分岐が発生します。後はその他の条件分岐命令と同じです。

CLC（Clear Carry Flag）

キャリーフラグの状態を強制的にオフにします。

CLD（Clear Decimal Mode）

デシマルモードフラグを強制的にオフにして、デシマルモードを抜けます。デシマルモードについては、この章末のコラムで説明します。

CLI（Clear Interrupt Disable Bit）

割り込み禁止フラグを強制的にオフにして、割り込みを可能とします。

CLV（Clear Overflow Flag）

オーバーフローフラグの状態を強制的にオフにします。

CMP（Compare Memory and Accumlator）

アキュムレーターの値と、オペランドで指定したイミーディエイト値、または指定したアドレスのメモリの値を比較します。比較は引き算によって実行しますが、結果は捨てられます。値が同じだった場合にはZフラグが立ちます。アキュムレーターの値が比較する値よりも小さい場合はネガティブフラグが立ち、アキュムレーターの方が大きいか等しい場合はオフとなります。キャリーはボローの反転となるので、ネガティブフラグと逆の状態になります。

CPX（Compare Memory and Index X）

Xレジスターの値と、オペランドで指定したイミーディエイト値、または指定したアドレスのメモリの値を比較します。比較対象のレジスター以外は基本的にはCMPと同じですが、使えるアドレッシングモードが極端に少なくなっています。具体的には、イミーディエイトとゼロページ、アブソリュートだけが使えます。フラグの変化などはCMPと同じです。

CPY（Compare Memory and Index Y）

Yレジスターの値と、オペランドで指定したイミーディエイト値、または指定したアドレスのメモリの値を比較します。比較元のレジスターがYになっている以外は、基本的にはCPXと同じです。

DEC（Decrement Memory by One）

　オペランドで指定したアドレスのメモリの値を1つだけ減らします。利用可能なアドレッシングモードは、ゼロページとアブソリュート、それに加えて、それぞれXレジスターで修飾するインデックスモードの4つです。結果がゼロになればゼロフラグが、負の値になればネガティブフラグが立ちます。

DEX（Decrement Index X by One）

　Xレジスターの値を1つだけ減らします。結果のフラグの変化はDEC命令と同じです。

DEY（Decrement Index Y by One）

　Yレジスターの値を1つだけ減らします。結果のフラグの変化はDEC命令と同じです。

EOR（"Exclusive-Or" Memory with Accumulator）

　アキュムレーターの値と、オペランドで指定したイミーディエイト値、または指定したアドレスのメモリの値のビットごとの排他的論理和(エクスクルーシブオア)を求めます。結果によって、ゼロフラグ、およびネガティブフラグが変化します。

INC（Increment Memory by One）

　オペランドで指定したアドレスのメモリの値を1つだけ増やします。利用可能なアドレッシングモードは、DEC命令と同じで、ゼロページとアブソリュート、それに加えて、それぞれXレジスターで修飾するインデックスモードの4種に限られています。結果がゼロになればゼロフラグが、負の値になればネガティブフラグが立ちます。

INX（Increment Index X by One）

　Xレジスターの値を1つだけ増やします。結果のフラグの変化はINC命令と同じです。

INY（Increment Index Y by One）

　Yレジスターの値を1つだけ増やします。結果のフラグの変化はINC命令と同じです。

JMP（Jump to New Location）

オペランドで指定したアドレスにジャンプします。つまり、プログラムカウンターの値を強制的に設定します。フラグは変化しません。

JSR（Jump to New Location Saving Return Address）

オペランドで指定したアドレスにジャンプするという点では JMP 命令と同じですが、その前に、返ってくるアドレス、つまりこの命令の次の命令の先頭アドレスをスタックにプッシュします。これに対応する RTS 命令では、そのアドレスをスタックから取り出して、そこにジャンプすることになります。

LDA（Load Accumulator with Memory）

アキュムレーターに、オペランドで指定したイミーディエイト値、または指定したアドレスのメモリの値をロードします。その値がゼロならゼロフラグが、負の値ならネガティブフラグが立ちます。

LDX（Load Index X with Memory）

X レジスターに、オペランドで指定したイミーディエイト値、または指定したアドレスのメモリの値をロードします。その値がゼロならゼロフラグが、負の値ならネガティブフラグが立ちます。

LDY（Load Index Y with Memory）

Y レジスターに、オペランドで指定したイミーディエイト値、または指定したアドレスのメモリの値をロードします。その値がゼロならゼロフラグが、負の値ならネガティブフラグが立ちます。

LSR（Shift Right one Bit Memory or Accumulator）

Apple II のリファレンスマニュアルでの名前は、単に動作の説明になっていて、「メモリまたはアキュムレーター（の値）を 1 ビット右にシフトする」というものですが、このニーモニックの元の名前は「Logical Shift Right」だと考えられます。つまり、いわゆる論理的右シフト命令です。これは、元のメモリ、またはアキュムレーターの値を 1/2 にします。ただし、最上位ビットには常に 0 が入るので、元の数の符号を考慮して 1/2 になるわけではありません。つまりネガティブフラグは常にオフになります。結果に応じて変化するのはゼロフラグとキャリーフラグです。

NOP（No Operation）

　何もしない命令です。すでに見たように、6502 の 1 バイトの命令コードには NOP となっている箇所が半分近くもありますが、そのほとんどは NOP というよりも未定義というべきもので、本物の NOP は、この $EA ということになります。6502 の場合には、未定義命令を実行しても、NOP と同じことになるというわけです。

ORA（"OR" Memory with Accumulator）

　アキュムレーターの値と、オペランドで指定したイミーディエイト値、または指定したアドレスのメモリの値のビットごとの論理和を求めます。結果によって、ゼロフラグ、およびネガティブフラグが変化します。

PHA（Push Accumulator on Stack）

　アキュムレーターの値をスタックにプッシュします。つまり、現在のスタックポインターの位置にアキュムレーターの値をストアし、スタックポインターの値を 1 だけ減らします。フラグは変化しません。

PHP（Push Processor Status on Stack）

　ステータスレジスターの値をスタックにプッシュします。つまり、現在のスタックポインターの位置にステータスレジスターの値をストアし、スタックポインターの値を 1 だけ減らします。フラグは変化しません。

PLA（Pull Accumulator from Stack）

　アキュムレーターの値をスタックからプルします。つまり、現在のスタックポインターが指すメモリの値をアキュムレーターに読み込み、スタックポインターの値を 1 だけ増やします。フラグは変化しませんが、アキュムレーターの値は、当然ながら変化します。

PLP（Pull Processor Status from Stack）

　ステータスレジスターの値をスタックからプルします。つまり、現在のスタックポインターが指すメモリの値をステータスレジスターに読み込み、スタックポインターの値を 1 だけ増やします。インストラクションセットの表では、フラグは変化しないように見えますが、それはこの命令を実行した結果によって変化しないとい

う意味であって、実際にはレジスターごとスタックから読み込むので、フラグはすべて変化する可能性があります。

ROL（Rotate One Bit Left Memory or Accumulator）

アキュムレーターの値、あるいはオペランドで指定するメモリの値を、左向きにビット単位で1ビット分回転します。といっても、これはキャリーフラグを含んでの回転なので、元の最上位ビットの値がキャリーフラグに入り、元のキャリーフラグの値が最下位ビットに入ります。後は、各ビットの値が1ビット分ずつ上位に移動します。当然ながらキャリーフラグは変化する可能性が高いわけですが、それに加えてネガティブフラグとゼロフラグも、回転後のアキュムレーターの値に応じて変化します。

ROR（Rotate One Bit Right Memory or Accumulator）

アキュムレーターの値、あるいはオペランドで指定するメモリの値を、右向きにビット単位で1ビット分回転します。これも、キャリーフラグを含んでの回転なので、元の最下位ビットの値がキャリーフラグに入り、元のキャリフラグの値が最上位ビットに入ります。後は、各ビットの値が1ビット分ずつ下位に移動します。この命令実行後のフラグの変化はROLと同様で、キャリーフラグに加えて、ネガティブフラグとゼロフラグも変化する可能性があります。

RTI（Return from Interrupt）

割り込みによってジャンプした先から、元の位置に戻ります。その際には、ステータスレジスターの値をスタックからプルしてから、プログラムカウンターの値をプルします。ステータスレジスターの値をプルするところが、この後のRTSと違うところです。

RTS（Return from Subroutine）

JSR命令によって呼び出されたサブルーチンから、元の場所に戻ります。その際には、RTIとは異なって、プログラムカウンターの値のみをスタックからプルします。したがって、ステータスレジスターの値は変化しません。

SBC（Subtract Memory from Accumulator with Borrow）

アキュムレーターの値から、オペランドで指定したイミーディエイト値、または指定したアドレスのメモリの値を引く減算命令で す。このSBCというニーモニッ

クの元の名前は、「Subtract with Carry」ですが、6502の場合、キャリーフラグを反転したものが仮想の ボローフラグであり、キャリーが立っていればボローはオフ、立っ ていなければボローはオンと考えます。Apple IIのリファレンスマニュアルでの名前のようにボローを余分に引くのです。つまり、無条件で繰り下がりのない引き算を実行する場合には、SEC命令を使ってキャリーフラグをセットしてから、この命令を実行します。

SEC（Set Carry Flag）

無条件でキャリーフラグをオンにします。

SED（Set Decimal Mode）

無条件でデシマルモードフラグをオンにします。このフラグがオンの状態では、加算命令と減算命令は、デシマルモードで実行されます。

SEI（Set Interrupt Disable Status）

無条件で割込み禁止フラグをオンにします。このフラグがオンの間は、NMI（Non-maskable Interrupt）以外の割り込みが禁止されます。

STA（Store Accumulator in Memory）

アキュムレーターの値を、オペランドで指定したアドレスのメモリに書き込みます。この命令では、どのフラグも変化しません。

STX（Store Index X in Memory）

Xレジスターの値を、オペランドで指定したアドレスのメモリに書き込みます。この命令では、どのフラグも変化しません。

STY（Store Index Y in Memory）

Yレジスターの値を、オペランドで指定したアドレスのメモリに書き込みます。この命令では、どのフラグも変化しません。

TAX（Transfer Accumulator to Index X）

アキュムレーターの値をXレジスターに書き込みます。アキュムレーターの値はそのまま残ります。この命令で転送する値に応じて、ネガティブフラグとゼロフ

ラグが変化します。

TAY（Transfer Accumulator to Index Y）

アキュムレーターの値をYレジスターに書き込みます。アキュムレーターの値はそのまま残ります。この命令で転送する値に応じて、ネガティブフラグとゼロフラグが変化します。

TSX（Transfer Stack Pointer to Index X）

スタックポインターの値をXレジスターに書き込みます。スタックポインターの値はそのままです。この命令で転送する値に応じて、ネガティブフラグとゼロフラグが変化します。

TXA（Transfer Index X to Accumulator）

Xレジスターの値をアキュムレーターに書き込みます。Xレジスターの値はそのまま残ります。この命令で転送する値に応じて、ネガティブフラグとゼロフラグが変化します。

TXS（Transfer Index X to Stack Pointer）

Xレジスターの値をスタックポインターに書き込みます。Xレジスターの値はそのまま残ります。この命令ではフラグはいっさい変化しません。6502ではリセット時にスタックポインターがゼロにセットされますが、それ以外でスタックポインターの値を強制的に（任意の値に）変更する手段は、この命令だけです。

TYA（Transfer Index Y to Accumulator）

Yレジスターの値をアキュムレーターに書き込みます。Yレジスターの値はそのまま残ります。この命令で転送する値に応じて、ネガティブフラグとゼロフラグが変化します。

C O L U M N

デシマルモードでの
足し算、引き算

デシマルモードのデシマル（decimal）とは、もちろん「10進の」という意味です。当時の8ビットCPUの演算は、基本的に16進を基本に実行されていたのに対し、特別なモードとして10進数による演算を実行する機能も用意していました。それがこのデシマルモードです。このモードでは、アキュムレーターなどに入っている8ビットの値を便宜的に10進数とみなして演算します。そのためこのモードでの演算に使用する有効な値は、$00〜$09、$10〜$19... $90〜$99という断続的なものとなります。

例えば$38に$24を加える命令を考えてみましょう。通常の16進モードであれば、例えば次のような一連の命令を実行します。

```
LDA #$38
CLC
ADC #$24
```

この結果、アキュムレーターには$5Cが入ります。下位ニブルの$8+$4は、10進なら12なので、16進では$Cですね。また、この足し算では下位ニブルは繰り上がらないので、上位ニブルは$3+$2で、$5となるわけです。

しかし、これらの命令の前にデシマルモードに移行する命令SEDを加えて、以下のような命令を実行してみましょう。

```
SED
LDA #$38
CLC
ADC #$24
```

すると、この結果のアキュムレーターの値は$62となり、普通に10進数として、38+24を計算した結果と同じになります。10進数の足し算では、8+4が12となり、1繰り上がって下位ニブルは2、上位ニブルは3+2+1で6となるわけです。

一般的な8ビットCPUの機械語プログラムで、デシマルモードの演算を多用することはそれほどないかもしれませんが、いざというときには便利なので、存在くらいは憶えておくと良いでしょう。

第5章
Apple II のハードウェア概要

この章からは、話を Apple II 本体に進めます。Apple II は、6502を採用したパーソナルコンピューターの代表的な機種には違いありませんが、他にも6502を採用したパソコンやゲーム機はいろいろあります。しかし、6502のポテンシャルを極限まで、あるいはそれ以上に引き出すことに成功したマシンとしては、Apple II の右に出るものはないでしょう。6502は6800などと比べても分かるように、かなりエキセントリックな設計となっていました。しかし Apple II は、当時の他のノーマルなパソコンに比べて、それに輪をかけたようなエキセントリックな設計だったと言えます。エキセントリックなもの同士が組み合わさって究極の製品が生まれた奇跡のような存在なのです。どこがどうエキセントリックだったのか、その奥義を探っていきましょう。

5-1　Apple II の機能ブロック ………………………………………………… 108

5-2　Apple II のメモリマップ ………………………………………………… 114

5-3　Apple II のグラフィック機能 …………………………………………… 120

5-4　Apple II の内臓I/O機能 ………………………………………………… 144

5-5　Apple II の拡張スロットの仕組み ……………………………………… 157

5-1 | Apple IIの機能ブロック

●ゲーム専用機のない時代にゲームマシンとしての性格も獲得

　Apple II が登場した 1977 年当時は、まだゲーム専用機のようなものは珍しく、汎用のパーソナルコンピューターとして登場した Apple II のような製品でも、ユーザーはゲーム機として使うことを強く意識していた時代でした。どれだけ面白い、そして見た目もすごいゲームを動かすことができるか、ということはパーソナルコンピューターの能力を示す、1 つの指標だったのです。そのためもあって Apple II は、今の感覚で想像する以上にゲームマシン的な性格の強いものになっていました。とはいえ、少なくとも製品としての構成は、汎用のパーソナルコンピューターとしての体裁が整えられていました。今では当たり前となったタイプライター配列のキーボードを備えた外観はもちろんのこと、汎用の拡張スロットも含めた中身も、一見すればゲーム機よりも汎用マシンとしての性格が強く感じられるものとなっています。

　また、Apple II のハードウェアを単純なブロック図で表せば、CPU、メモリ、ビデオ回路、内臓 I/O、外部（拡張）I/O などが、バスで接続された、かなり平凡な構成として描くことができます。そのようにとらえれば、基本的には Apple II も、今日のパソコンとも大差ないものに見えるでしょう。それだけを取って、「Apple II は時代を先取りして、今日のパソコンの基本的なアーキテクチャを最初から実現していた」などと評価することも可能かもしれません。もちろん、それも誤った理解ではありません。しかし、それだけで早合点してしまえば、Apple II の最大にして、もっとも魅力的な特徴を見逃してしまうことになります。

　Apple II に付属のリファレンスマニュアルに掲載されたブロック図を見ていても、それには気づきにくいのですが、Apple II のアーキテクチャには、それでこそ Apple II と言えるような大きな特徴があります。それは、CPU とビデオジェネレーターが、まったく対等に動作することが可能な、マシン全体のタイミング設計にあります。それこそが Apple II を、当時の一見同類のマシンから抜きん出たものにしたと断言しても良いでしょう。汎用パーソナルコンピューターとは別の性格を Apple II に与えていた秘密、つまり当時としてもっとも魅力的なゲームマシンの 1 つにしていた秘密は、そこにあるのです。大局的に考えれば、今日まで Apple

という会社が生き残っているのも、元を正せば、そのような Apple II の画期的な設計にあったからこそだと言っても差し支えないと、私は信じて疑いません。当時は Apple と同じようにもてはやされていた他のパソコンメーカーが、もうほとんど残っていないことも、1つの傍証にはなるでしょう。

そうした設計を可能にしたのが、Apple II が採用した 6502 の根本的なアーキテクチャであり、そこに目をつけて、それを最大限に利用したスティーブ・ウォズニアクの卓見にあったのです。たった 1 MHz のクロックで動作する、当時としても非力と考えられていた 6502 で、見る者の目を釘付けにするような魅力的な動的グラフィックを実現できたのは、実はその非力なはずの 6502 のおかげなのです。

●CPUとビデオが対等に動作するアーキテクチャ

前置きが長くなりましたが、その「CPU とビデオが対等に動作する」アーキテクチャを見ていきましょう。その基本的な原理は、Apple II の回路図を丹念に読み込んだり、拡張スロットに接続する I/O カードを設計したことのある人なら、すぐに気づくはずのことです。しかし、ウォズニアク自身が米 BYTE 誌の 1977 年 5 月号に書いた「The Apple-II System Description」という記事を読めば、Apple II に関するハードウェアの設計経験がなくても、それを理解することができます。そこでウォズは、Apple II のリファレンスマニュアルに掲載したものとはちょっと異なる独特な視点から描いたブロック図を使って、ビデオジェネレーターと CPU、それらと他の部分の関係を詳しく説明しています。ここでは、そのブロック図を少し整理して、筆者が描き直したもので説明します（図1）。

この図には、左端に「ビデオジェネレーター」と「6502 プロセッサ」が縦に並列して配置されています。これがまず、ビデオと CPU が対等であることを表しているのです。それぞれから出たアドレス信号は1つの「メモリアドレスマルチプレクサ」に入っています。このマルチプレクサこそが、ビデオと CPU が対等に動作するために重要な役割を果たします。ビデオジェネレーターも CPU も、それぞれ独立にアクセスしたいメモリのアドレスをマルチプレクサに伝えます。すると、マルチプレクサは、ある条件に従って、このうちどちらかのアドレスをメモリのアドレスとして出力します。言い換えれば、ビデオジェネレーターか CPU か、どちらか一方のメモリアクセスを可能にするわけです。この場合のアドレス切り替えの条件は、実に単純です。それは、6502 プロセッサが出力する φ1 信号がハイかローかだけなのです。具体的には φ1 がハイのときにはビデオジェネレーター、φ1 が

ローのときには CPU がメモリにアクセスできるようになっています。

図1:Apple IIのビデオジェネレーターを中心とするブロック図

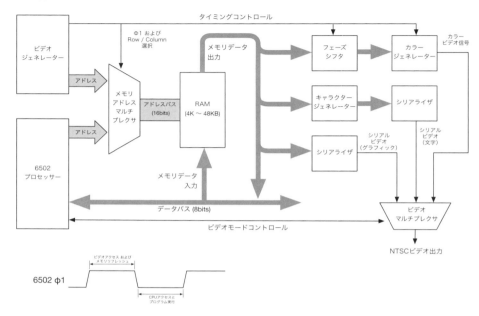

　ビデオジェネレーターは、Apple II のビデオ出力が有効な限り、言い換えれば Apple II の電源がオンになっている間は常に、メモリの特定のアドレスの内容をビデオ信号に変換して、モニター端子から NTSC 方式の CRT に出力し続けなければなりません。その動作をサボってビデオ信号が途切れれば、少なくともその間は Apple II の画面が消えて真っ暗になってしまいます。ビデオ信号は、CPU がどのような動作をしているかに関わらず、常に休むことなく出力し続ける必要があるのです。もちろんそのためには、一定の周期でメモリの内容を読み出すことが必要です。常に一定の間隔で時間を刻んでいるφ1信号によってアドレスを切り替えることで、ビデオジェネレーターは、常に必要なアドレスのメモリ内容を読み出すことができます。それによって CPU と競合することはありません。一方の 6502 は、そもそもφ1がハイの間は内部処理を実行して、φ1がローの間だけ外部にアクセスするように設計されています。そのため、φ1がハイの間に周囲の回路が何をしようと、CPU の実行効率が阻害されるようなことはありません。

　思い出してみれば、φ1は、CPU のクロック入力φ0を単純に反転したものでした。CPU の都合によってタイミングが変化したり、止まってしまったりするこ

とはありません。とはいえ、φ1は外部の回路で勝手に反転して作るのではなく、あくまで6502自身が出力する信号なのです。ビデオジェネレーターやアドレスマルチプレクサは、φ1を信じて動作していれば、絶対にCPUと競合することなく、規定された時間の範囲で自由にメモリにアクセスすることができるのです。

　このような6502プロセッサの、時間的に対称的な動作は、ともすると当たり前のことのように思われるかもしれませんが、実はシンプルな構造と効率を追求した6502の独創的な特徴と言えるものです。他社のCPUには、後にも先にも、このような特徴はほとんど見当たりません（P.113のコラム参照）。

●3つの画面モードを切り替える、もう1つのマルチプレクサ

　なお、図1のブロックダイアグラムには、もう1つのマルチプレクサがあります。それは、この図では右下に配置されているもので、3種類のビデオ信号を切り替える「ビデオ・マルチプレクサ」です。それによって切り替えられる3種類のビデオ信号は、後で詳しく説明しますが、低解像度（Lo-Res）グラフィック、テキスト、高解像度（Hi-Res）グラフィックの3種類です。

　低解像度グラフィックの信号は、ビデオマルチプレクサの上にある5つのブロックのうち、「フェーズシフタ」と「カラージェネレーター」によって生成され、カラージェネレーターからマルチプレクサに入っています。このモードでは1ドットあたり4ビットを使って、完全に独立した16色のグラフィックを実現しています。このモードでは、メモリに$0〜$Fのカラーコードを書き込んでいます。そこから読み出したカラーコードをフェーズシフタによって位相（タイミング）のずれた信号に変換し、そのカラー信号からカラージェネレーターによってNTSC方式で発色するビデオ信号を生成するというわけです。

　テキストのビデオ信号は、ビットマップのフォントデータをROMに記録した「キャラクタージェネレーター」と「シリアライザ」という2つのブロックで生成します。キャラクタージェネレーターというのは、一種の「フォントROM」です。これはメモリに書き込まれた文字のキャラクターコード（ASCII）から、ROMに記録されたビットマップフォントのアドレスを算出し、そこにあるデータを文字の形状を表すビットパターンとして出力するものです。それをシリアライザによってビデオのタイミングに合わせて順番に出力したものがテキスト画面になるわけです。

　残りの高解像度グラフィックのビデオ信号は、メモリから「シリアライザ」という1つのブロックを通してマルチプレクサに入っています。このシリアライザは、

当然ながらテキスト用のシリアライザとは異なる動きをするものです。こちらのシリアライザは、メモリから読み出した高解像度グラフィックのビットマップデータを連続したビット列に変換して、高解像度グラフィック専用のビデオ信号を生成します。と書いてしまうと簡単で、さしたる特徴もないように聞こえるかもしれませんが、とんでもありません。この高解像度グラフィックの実現方法こそ、Apple IIのハードウェアを語る上で欠くことのできない大きな特徴の1つです。これも、すでに述べたような魅力的な動的グラフィックを実現するための大きな立役者となっています。これについても、後で詳しく説明します。

C　　　　O　　　　L　　　　U　　　　M　　　　N

Z80を採用した
PC-8001の実効クロック周波数

Apple IIよりも少し後の1979年に登場した日本製パソコン、NECのPC-8001では、CPUにZ80を採用していました。これは、インテルの80系のCPUをベースにして、ザイログ社が独自に設計したものです。立場としてはモトローラの6800に対するMOSテックの6502にちょっと似ています。ザイログもインテルからスピンアウトした人たちが興した会社だったのです。このZ80は、世代としてはやはり6502よりも少し後の製品で、PC-8001はクロック周波数が4MHzのZ80を搭載していました。クロックだけを比較すれば、Apple IIの4倍です。

これは余談ですが、PC-8001自体、本体デザインからして、少なからずApple IIを意識して設計されていた感がありました。本体には拡張スロットは内蔵せず、別筐体の製品となっていましたが、本体の形状には、どことなく似た部分がありました。Apple II同様にテキスト画面とグラフィック画面は独立していて、それらを切り替えて外部のCRTにビデオ信号として出力するというあたりにも、なんとなく類似性が認められます。しかしPC-8001では、ビデオジェネレーターがメモリにアクセスする際には、CPUはその間だけ周期的に停止してメモリアクセスを放棄しなければならないようなアーキテクチャとなっていました。そのためには、ビデオジェネレーターがDMA（ダイレクト・メモリ・アクセス）をかけて、CPUを止めるのです。それがどれくらいの期間かと言うと、ほとんど全時間の半分以上になるとされていました。

CPUの実質的なクロック周波数で言えば、本来4MHzで動いているものが、2MHz以下で動いているのと同等の速度になってしまうようなものだというわけです。4MHzのうち、2MHz分以上がビデオジェネレーターに喰われ、残りの2MHz分弱がCPUに割り当てられていたと考えることもで きます。それでもクロック周波数は、Apple IIのほぼ2倍です。それなら、当時のPC-8001はApple IIの2倍近くの速度で動作していたかというと、それがそうでもないのです。単純な比較はできませんが、当時、実際の動作を画面の動きとして目視で比較した感覚では、実質的なクロックでは約半分のはずのApple IIの方が、PC-8001よりずっと速く動いているという印象でした。それは、比較的少ないクロック数で効率的に動作する6502CPU、独創的なグラフィック機能を含むApple IIハードウェアの効率的なアーキテクチャ、そして忘れてはならないのは、アプリケーションソフトの徹底的な最適化、という三つ巴が功奏した結果だったと言えるでしょう。

PC-8001の場合には、数値計算などでCPUの能力を最大に発揮させたい場合には、内臓I/Oのある部分を操作して、必要な期間だけビデオジェネレーターによるDMAを停止させるというテクニックがありました。その間は、もちろん画面は真っ暗になっていました。Apple IIには、そうしたCPUの擬似的なアクセラレーションモードのようなものはありませんが、そのようなものを用意する必要もまったくなかったのです。

5-2 | Apple IIのメモリマップ

●全メモリ空間＝64KBの割り振り方

　当時の8ビットCPUのアドレスバスは16本と相場が決まっていました。アキュムレーターが8ビットであることと、アドレスが16ビットであることとは直接相関がないような気もしますが、プログラムカウンターが16ビットであることを考えれば、必然的にアドレスは16ビット、アドレスバスも16本ということになるでしょう。この16本のアドレスバスで指定できるアドレスは、16進数では$0000から$FFFFまで、10進数で言えば0から65535までの65536通りということになります。そして1つのアドレスには8ビット、つまり1バイトのデータが割り当てられているので、これだけのアドレスでアクセスできるデータ量は65536バイトということになります。すでに当時から1024バイトを1キロバイトとしてまとめる習慣が定着していたので、65536バイトは、65536 ÷ 1024で、64キロバイト（KB）となります。もちろんこれは単なる習慣ではなく、1024バイトというのは、ちょうど10ビットで表現できるアドレス範囲なので、ハードウェアとの対応を考えても、まことに都合の良い単位ということになります。

　もちろん6502のアドレスバスも16本なので、Apple IIのメモリ空間も、フルに利用して最大64KBです。ただし、現在のパソコンと違って、利用できるメモリ空間をできるだけ多くRAMで埋めるというようなアーキテクチャはまだ一般的ではなく、Apple IIのメモリ空間も、役割によっていろいろな領域に分かれています。インテルの80系と違って、曲がりなりにもモトローラの68系の血を引く6502には、メモリ空間とは独立したI/O空間が用意されていたわけではありません。そのため、I/O機能もメモリ空間上に配置する必要がありました。いわゆるメモリ・マップド・I/Oですね。また、CPUがリセットされた際には、最初はどうしてもROMからプログラムを読み込んで実行する必要があり、プログラムやデータをストアするメモリ領域も、ROMとRAMの両エリアに分かれています。

　とりあえず、64KB全域のメモリマップ概要を見ておきましょう（図2）。

図2:Apple IIの大まかなメモリマップ

アドレス	用途
$0000 ~ $3FFF	RAM (16KB)
$4000 ~ $7FFF	RAM (32KB)
$8000 ~ $BFFF	RAM (48KB)
$C000 ~ $C7FF	I/O
$C800 ~ $CFFF	拡張カード用ROM
$D000 ~ $FFFF	システムROM

　まず分かるのは、64KB のアドレス空間全体が大きく３つの領域に分かれている
ということです。その中で、比較的低位、といっても実際には $0000 ～ $BFFF ま
でと半分以上、正確には 48KB の範囲を占めているのが RAM 領域です。その後
ろ、$C000 ～ $C7FF の２KB の範囲が I/O 領域です。さらにそれに続く $C800 ～
$FFFF までの 14KB の範囲が ROM 領域となっています。このように見ると、か
なり単純な構成のように感じられるかもしれませんが、各領域の内訳はなかなか複
雑で、当然ながらそこにも Apple II ならではの特徴が色濃く盛り込まれています。
この章の残りを使って、それらの特徴について、メモリマップの観点から探ってい
くことで、Apple II のハードウェアの詳細を明らかにしていきましょう。

●３種類のRAM容量の構成

　まず、ここでは Apple II のメモリマップの中で、もっとも大きな範囲を占める
RAM 領域について、その内訳を見ておきましょう。上の図では、RAM 領域はメ
モリ容量によって、16KB ずつ３つの領域に分かれていました。これは、Apple II
のマザーボードにどれだけの RAM チップを搭載するか、ということに依存した分
け方であって、RAM の使い道とは関係ありません。

　製品としての Apple II には、年代とともに変化するリビジョン以外に、RAM 容量
によって 16KB の RAM を搭載するモデル、32KB のモデル、そして 48KB のモデル

がありました。ただし、それはRAMチップとして16キロビットのものを実装した場合です。Apple IIの発売当初は、まだ16キロビットのチップが高価であり、入手も難しい場合があったので、4キロビットのチップも使えるようになっていました。いずれの場合も、RAMチップは8個、つまり8ビット分を1セットとしてApple IIに装着します。8ビットCPUだけに、1つのメモリアドレスには8ビットのデータが必要だからです。そして、Apple IIのマザーボードには1列につき8個のRAMチップを、最大3列まで実装することができました。したがって、4キロビットのチップを使った場合には、4／8／12KBのいずれかのメモリ容量となります。16キロビットのチップでは、もちろん16／32／48KBのいずれかです。いずれにしても、同じチップ容量ごとに、3種類のメモリ実装容量のバリエーションがあることになります。

　ということは、Apple IIのオンボードの最小搭載メモリ容量は4KB、最大は48KBということになります。しかし、実際のところたった4KBのRAM容量で、パソコンとして使いものになるのかという疑問もあるでしょう。4KBというのは、アドレスで言えば$0000〜$0FFFの範囲です。この後の節で示すRAMの用途を見ると、その4KBでも、メモリ前半のシステムが使用する領域、2枚のテキスト兼低解像度グラフィック画面、さらに1KB分のフリー領域が使えることが分かります。2枚のテキスト／低解像度グラフィック画面を使用するとしても、1KBはプログラム領域として使用可能です。テキスト／低解像度グラフィック画面を1枚だけに限れば、2KBが利用可能です。もちろん、それでは凝ったゲームなどはできませんが、自分であれこれ試してみる目的でプログラムを動かすには十分と言える広さがあります。

　Apple IIでは、その製品寿命の比較的早い時期に16KBのRAMチップが標準的となり、価格も下がってきたので、フル実装して48KBのRAMが使えるようにするのが一般的になりました。後で示すように、その場合には2枚のテキスト／低解像度グラフィック画面に加えて、さらに2枚の高解像度グラフィック画面が利用できます。これらのグラフィック画面は2画面の表示を一瞬にして切り替えることができたので、非力なCPUでも、いわゆるダブルバッファリングの技法を使って、かなりなめらかなアニメーションを実現することが可能だったのです。これも、Apple IIのゲームマシンとしての性格を強化する要因だったことは間違いありません。48KBを搭載していれば、2枚の高解像度グラフィック画面を使っても、なお24KBをフリーエリアとして利用できました。それによって、かなり凝ったゲームも実現できたのです。いずれにしても、今とはメモリ容量と、それでできることの対応の感覚が、何桁も違います。おそらくキロとギガくらいは違うので、だいたい6桁くらいではないでしょうか。

●RAMのさまざまな用途

　Apple II の RAM の使いみちとして、すでにテキスト／グラフィック画面、いわゆる VRAM としての用途と、ユーザーが自由にプログラムをストアして動かす領域（フリーエリア）があることは述べました。しかし RAM の使いみちは、それだけではありません。6502 のパートで述べたようなゼロページやスタック領域などは、6502 を採用することによって必然的に決まってしまうメモリ領域で、当然ながらそこは RAM でなければなりません。というわけで 6502 を採用したハードウェアでは、アドレス空間の先頭からある程度の範囲は、必然的に RAM にすることが要求されるわけです。そこで Apple II では、ゼロページとスタック領域（1ページ）を含めて、先頭の 1KB の領域にシステム関連で使用する RAM 領域を割り振っています（図3）。

図3:Apple IIのRAM領域詳細マップ

アドレス	内容
$0000 ～ $00FF	システム・ワーク(ゼロページ)
$0100 ～ $01FF	システム・スタック
$0200 ～ $02FF	キー入力バッファ
$0300 ～ $03CF	フリー
$03D0 ～ $03EF	DOS・ワーク
$03F0 ～ $03FF	モニター・ベクトル
$0400 ～ $07FF	テキスト　または Lo-Resグラフィック 第1ページ
$0800 ～ $0BFF	テキスト　または Lo-Resグラフィック 第2ページ
$0C00 ～ $1FFF	フリー
$2000 ～ $3FFF	Hi-Resグラフィック第1ページ
$4000 ～ $5FFF	Hi-Resグラフィック第2ページ
$6000 ～ $BFFF	フリー

　下の方から順に見ていきましょう。ゼロページ、スタック領域に続く2ページ（$0200 ～ $02FF）は「キー入力バッファ」となっています。これは、Apple II の

システムモニターによって定められた領域で、ユーザーがキーボードから入力した文字が一時的にストアされるバッファです。Apple II の内蔵キーボードは、CPU によってキー配置のマトリクスを操作するようなタイプではなく、ユーザーが押したキーの ASCII コードを 7 ビットパラレルで出力するという、ある程度自立的に動作するものです。ユーザーがキーを操作すると、CPU に割り込みをかけ、その割り込み処理ルーチンの中で、キーボードが出力する ASCII コードを読み取って、キー入力バッファにストアしていきます。一般的なプログラムは、キーボードから直接入力を受け取るのではなく、このバッファから ASCII コードを読み出すことで、ユーザーが押したキーを入力することができるのです。もちろん、リアルタイム性が要求されるゲームなどでは、キー入力による割り込み処理ルーチンのアドレスを書き換えて、直接キー入力を受け取るようなプログラムを書くことも可能でした。しかし、その場合でも、受け取ることができるのは、あくまでもキーに対応する ASCII コードです。それはハードウェアによって決められていて、ソフトウェアではどうしようもない部分です。

　キー入力バッファに続く第 3 ページの 256 バイトは、最後尾の 16 バイト（$03F0 ～ $03FF）を除いて、当初はフリーエリアでした。しかし、Apple II にフロッピーディスクドライブが装備されると、その後半寄り 32 バイト（$03D0 ～ $03EF）は、DOS（Disk Operating System）用のワークエリアに割り当てられました。DOS については、本書では扱わないので、その部分の内容について詳しく述べることはしませんが、ここもゼロページと同じように Apple 製のシステムソフトウェアがワークエリアとして利用する部分です。通常はユーザーのプログラムからはアンタッチャブルな領域ということになりますが、高度な知識を持って見れば、それによってシステムソフトウェアの動作状態を知ることができます。また場合によっては、特定の箇所を書き換えることにより、システムソフトウェアの動作をカスタマイズするというようなことも可能になります。さらにそれに続く、$03F0 ～ $03FF の 16 バイトは、やはり Apple II のモニタープログラムが利用する「ベクトル」ということになっています。これは、一種のジャンプテーブルのようなもので、割り込みがかかった場合の飛び先のアドレスなどを設定しておくための領域です。

　$0400 以降の残りの領域は、テキスト／低解像度グラフィック、および高解像度グラフィックと、フリーエリアということになります。テキスト／グラフィックエリアの使い方については、次の節で詳しく解説します。

「64KBクリーン」を実現する「ランゲージカード」

　ここまでの説明では、Apple IIの最大搭載RAM容量は48KBということになっていました。しかし、後からオプションとして登場した純正の「ランゲージカード（Apple Language Card）」を装着すると、64KBのアドレス空間すべてをRAM領域として利用できるようにすることも可能となるのでした。つまりこのカードは16KBのRAMを搭載して、オンボードの48KBに加え、合計64KBに増設するものです。

　とはいえ、6502というCPUの特性として、最初からすべてのメモリ空間がRAMになっていると、リセットされたときにジャンプすべきアドレスも設定できません。また仮にジャンプできたとしても、動かすべきプログラムをロードすることができないので、どうにも動きようがありません。しかも、すでに述べたように6502はメモリマップドI/O方式であり、Apple IIも、64KBのアドレス空間の一部をI/O用として割り当てているため、そのままではキーボード入力も含めて、何も入出力ができなくなってしまいます。そこでランゲージカードでは、いわゆるバンク切り替えを採用し、必要に応じてメモリアドレスの一部を、オンボードのROMやI/Oに切り替えることを可能にしていました。

　Apple IIには全部で8本の拡張スロットがありますが、それらはいずれも50ピンのエッジコネクターをマザーボードに装着したものです。これらは、厳密にはすべて同じで

はありません。このランゲージカードはそのうちの0番のスロットに装着することになっていました。Apple IIを正面から見たとき、いちばん左の電源の隣にあるスロットです。それは、このスロットにだけ特別な信号があるから、というのではなく、このスロットには他のスロットにあるI/O拡張カードを利用するための信号が欠如していたため、通常の拡張カード用に使いにくいという事情があったからです。それは拡張スロットの1番ピンにつながっている「I/O ENABLE」という信号です。もちろん、これは意図的なもので、最初からメモリ増設のためのスロットとして考えられていたことになります。

　また、もう1つ理由があって、ランゲージカードには、ダイナミックRAMが搭載されているため、CASやRASといったダイナミックRAM用のタイミング信号を必要とします。しかし、それらは拡張スロットのピンからは得られません。そこで、ランゲージカードは一種の離れ業を使ってこの問題を解決しています。それはオンボードのRAMチップを1個だけ外し、そこにカードのちょうどいい位置から伸びたケーブルのコネクターを接続して、RAMを扱うのに必要な信号を横取りするのです。そのために外したRAMチップは、ランゲージカード上に用意されたソケットに装着します。その位置を考えると、やはりランゲージカードは、拡張スロットの0番に装着するのが、好都合なのです。

5-3 Apple IIのグラフィック機能

●3種類×2＋αのビデオモード

　すでにこの章の最初に述べたように、Apple IIには大別して3種類の画面表示モードがあります。それらは、テキスト、低解像度グラフィック、高解像度グラフィックの3種です。それぞれの表示例を図4〜6に示します。

図4:テキストモード画面の表示例（口絵2）

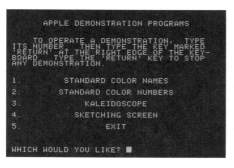

図5:低解像度グラフィック画面の表示例（口絵3）

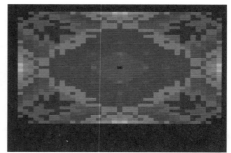

図6:高解像度グラフィック画面の表示例（口絵4）

　また、それら3つのモードには、それぞれ2画面分ずつ領域が確保されていて、同じモードの2画面の表示を瞬時に切り替えることができるのでした。また、メモリマップでも示したように、テキストと低解像度グラフィックは、同じメモリ領域

を共有しています。これは、もちろん、テキスト画面と低解像度グラフィック画面を同時には表示できないことを意味するわけですが、たとえメモリ領域を共有していなくても、そもそも Apple II には異なる画面モードを、オーバーレイなどによって同時に表示する機能はありません。テキスト画面と高解像度グラフィック画面は、メモリ領域も含めてまったく独立したものですが、重ねて同時に表示したりすることはできません。

　テキストと低解像度グラフィック画面が同じメモリ領域を共有していることによる制限は、メモリに書き込む内容、つまりテキストなら文字の ASCII コード、低解像度グラフィックなら色のコードを、別々に保持できないということです。何かテキストを表示した状態で、モードだけを低解像度グラフィックに切り替えると、低解像度グラフィックとして、テキストの痕跡のようなものが見えることになります。逆に低解像度グラフィックを表示した状態で、モードだけをテキストに切り替えると、それまで表示されていたグラフィックスが、意味不明のテキストのパターンとして表示されることになります（図7）。

図7:低解像度グラフィックの表示を強制的にテキストモードに切り替えた例

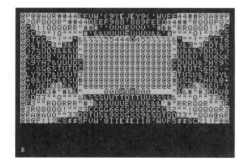

　このようなことは、今の感覚からすると、奇妙な仕様のように思えるかもしれませんが、当時はそれほど変なことだとは思いませんでした。当時のパソコンでは、その様式はさまざまながら、同じような原始的な現象が起こることは、むしろ普通だったのです。いずれにせよ、そういうものだと理解していれば、特に弊害はないというのが正直なところでした。

　それはともかく、Apple II の場合、画面モードの話がさらに複雑になるのは、この先です。実は、テキストとグラフィックを、同時に表示することがまったくできないかと言うと、そんなこともないのです。ある限られた条件では、１画面にテキストとグラフィックを混在させて表示することが可能です。その条件とは、まずメ

インのモードが低解像度グラフィック、または高解像度グラフィック、いずれかの
とき、画面の底部4行に限ってテキスト画面を挿入できるというものでした。その
4行は、その範囲内でスクロールするので、テキスト画面にあふれるほどテキスト
を表示しようとしたり、改行しても、テキストがグラフィック領域にはみ出してし
まうようなことはありません。領域はハードウェアできっちり分けられていたので、
その分割は確実です（図8）。

図8:ミックスモードの表示例（口絵5）

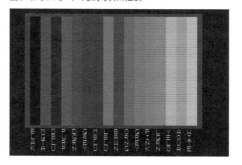

　いずれかのグラフィックモードと4行のテキスト画面を1画面に混在させるモー
ドは、ミックスモードと呼ばれています。このミックスモードまで入れて考えると、
Apple IIの画面モードには、テキスト、低解像度グラフィック、高解像度グラフィッ
ク、低解像度グラフィック＋テキストのミックス、高解像度グラフィック＋テキス
トのミックスの、合計5つのモードがあることになります。これらのモードは、同
じモードの2画面の切り替えについては含めていない、単なる表示のバリエーショ
ンです（図9）。

図9:Apple IIの5種類の画面モード

モード	内容
テキスト	40桁×24行の英数字、記号、大文字（各文字は幅5ドット×高さ7ドット）
Lo-Resグラフィック	幅40×高さ48ドット（非正方（横長長方形））×16色
Hi-Resグラフィック	幅280×高さ192ドット（ほぼ正方）×最大6色
テキスト / Lo-Resミックス	下部4行のテキスト＋上部40ドット分のLo-Resグラフィック
テキスト / Hi-Resミックス	下部4行のテキスト＋上部160ドット分のHi-Resグラフィック

　ミックスモードは、今の感覚からすると、粗野な感じさえするかもしれません。
しかし、テキストモードとグラフィックモードがハードウェア的に分かれているの
が普通だった当時の水準を考えれば、苦肉の作というよりは、むしろ画期的と言え

るものだと考えられます。高解像度グラフィックモードの場合には、ハードウェア的に可能な最大の解像度でドットをオンオフできるので、その気になれば文字もグラフィックとして描くことはできます。しかし、そのための機能がモニターROMに用意されているわけでもなく、文字のフォントデータも自前で用意する必要があったので、グラフィック画面に文字を描くのは、それなりに労力がかかることでした。ミックスモードを使えば、配置的には固定で、表現力も限られますが、モードの切替だけで手軽にグラフィックとテキストを混在させて表示できたのです。

　実際に、初期のApple IIのアドベンチャーゲームは、ミックスモードのグラフィック部分にシーンの静止画を表示し、その下のテキスト部分にシーンの説明や、プレーヤーに対する問いかけを表示し、プレーヤーにコマンドを入力させるようなものが一般的でした（口絵12）。そうしたゲームは、最初からApple IIミックスモードを念頭に設計したものであることは間違いなく、それが1つのゲームスタイルを生み出し、Apple II以外のプラットフォームにも波及したものと考えることができます。その意味で、このミックスモードは、その後に登場するソフトウェアに対して示唆的であったとさえ言えます。

　ミックスモードを除く3種類の画面モードについては、この節の残りで詳しく解説します。その前に、各種画面モードの切替方法について確認しておきましょう。

●画面モードの切り替え

　Apple IIの2画面ずつあるテキスト／低解像度／高解像度グラフィックのページの切り替えと、全部で5種類あるの画面モードは、すべていわゆるソフトスイッチによって切り替えます。Apple IIのソフトスイッチは、ハードウェアによって定められたあるメモリ（実際にはI/O）アドレスにアクセスすることで、切り替わります。そのアドレスのデータを読み込む命令でも、何かの値を書き込む命令でもかまいません。書き込み命令の場合でも、その書き込む値には関係なく、アクセスしたアドレスに割り当てられたモードが有効になります。もし競合する他のモードがあれば、それは自動的に無効になります。一種の押しボタンスイッチのようなものです。モードの切り替えという機能を考えれば、現在のユーザーインターフェースではラジオボタンに相当するものと考えることもできます。

　画面切り替えのソフトスイッチは、大きく4つに分かれています。1つは、グラフィックかテキストかを選ぶもの。次は非ミックスモードとミックスモードを選ぶもの、そして2つあるページのどちらかを選ぶもの。最後が低解像度または高解

像度のグラフィックモードを選ぶものです。これらのソフトスイッチのアドレスと、モニターに定義されたラベル名、それぞれの機能の一覧を確認しておきましょう（図10）。

図10:画面表示モード／ページ切り替えのためのソフトスイッチ

アドレス	ラベル	機能
$C050	TXTCLR	グラフィック画面を表示
$C051	TXTSET	テキスト画面を表示
$C052	MIXCLR	ミックスモードの解除（テキストのみ／グラフィックのみ）
$C053	MIXSET	ミックスモードの設定（グラフィック＋テキスト表示）
$C054	LOWSCR	テキスト／グラフィックの1ページめを表示
$C055	HISCR	テキスト／グラフィックの2ページめを表示
$C056	LORES	低解像度グラフィックモードの選択
$C057	HIRES	高解像度グラフィックモードの選択

　現在の状態がどうなっているかに関わらず、たとえば高解像度のグラフィックの1ページめだけを表示したい場合、アドレスの低い方から $C050（グラフィック画面の選択）、$C052（ミックスモードの解除）、$C054（1ページめの選択）、$C057（高解像度グラフィックの選択）のようにアクセスすれば良いことになります。

　何度も言うようですが、ソフトスイッチは、これらのアドレスを読み込む命令だけで切り替えることができるため、たとえばスムーズなアニメーションの表示に必要なページの切り替えは、CPU の1命令を実行するだけ良いのです。16ビットアドレスを指定してアクセスする命令は、アブソリュートモードでの LDA 命令など、いろいろと考えられますが、最低限CPU の4サイクル、つまり4μ秒あれば実行できます。つまり Apple II の画面モードは、最低4μ秒で切り替えられることになります。これは当時としては、ほとんど「瞬時」と言ってもいいほどの短い時間であることは間違いありません。

●カラーキラーとボードのレビジョン

　低解像度、高解像度を問わず、Apple II でカラーグラフィックを表示したければ、当然ながらカラーモニターに接続することになります。カラーモニターと言っても、現在とはまったく状況が異なっていて、当時のカラーモニター＝カラーテレビと思って、ほとんど間違いありません。中には、NTSC のコンポジット入力付きの専用モニターもなかったわけではありませんが、多くの、というよりも、ほとんどの人はカラーテレビに接続して使っているのが実情でした。Apple II には、NTSC のコンポジット出力に加えて、いわゆる RF モジュレーターを接続するための端子

も用意されていました（図11）。RFモジュレーターとは、今ではまったく用がなくなったパソコンの周辺機器の1つですが、簡単に言えばパソコンのビデオ信号をRF（Radio Frequency）、つまりテレビ放送用電波の周波数に変換して、テレビの空きチャンネルを使って映すための装置です。当時は、専用のカラーモニターが珍しく、またあっても比較的高価だったことから、RFモジュレーターは、かなり一般的に使われていました。

図11:RFモジュレーター用端子写真

　コンポジット出力に直接専用モニターを使う場合も、RFモジュレーター経由でカラーテレビに出色する場合も、インターフェースとしてはいずれもNTSCには違いないので、当時のアナログテレビ放送並の解像度や色再現能力しか得られないことには違いありません。また、ブラウン管を用いたテレビ側の精度もいまひとつなので、どうしても色の滲みが避けられません。高解像度グラフィックでは、白の細い縦線を表現したくても原理的に色が付いてしまうのです。カラーグラフィックを表示する場合には、致し方ありませんが、テキストを表示する場合、滲みが酷いと文字が読みにくくなります。

　そこでApple IIでは、テキストモードのときだけ「カラーキラー」という機能を働かせていました。NTSCビデオ信号の特性を利用して、カラーテレビやカラーモニターを、白と黒だけのモノクロモニターのような表示に見せかける機能です。これは、プログラムでオンオフできるものではなく、画面モードがテキストモードのときに、強制的にオンになり、グラフィックモードのときにはオフになるものです。この効果は絶大で、違いははっきり分かります（図12）。

図12:カラーキラーをオンにしたグラフィック画面（口絵6）

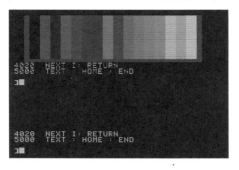

　ただし、この機能は、最初期の Apple II のボード（レビジョン 0 ）には搭載されていませんでした。おそらく初代の Apple II の発売後に、ウォズニアクが思い付いて追加したものでしょう。そして、レビジョン 1 以降のボードに搭載したのです。ここで、レビジョン 0 、 1 、 7 の各ボードの仕様の違いを比較しておきましょう。Apple II のリファレンスマニュアルには、レビジョン 2 ～ 6 のボードについては記述がありません。おそらく、それらのレビジョンは市場には出ていないのではないかと思われます。存在していたとしても、この表に示したスペックに関する限り、レビジョン 1 と同等のものだと考えられます（図 13）。

図13:初期の Apple II ボードの仕様のレビジョンによる変遷

	Revision 0	Revision 1	Revision 7
カラーキラー	×	○	○
パワーオンリセット	×	○	○
Hi-Resグラフィック色数	4	6	6
24Kメモリマップ問題	有	無	無
スピーカーのカセット出力	○	×	×
カセット入力補正	×	○	○
RAMメモリブロック	4K/16K	4K/16K	無（16Kのみ）
キャラジェネROM	2513	2513	2316

●テキストモード

　Apple II の標準画面はテキストモードです。つまり Apple II に電源が入ったときや、リセットされたときには、必ずテキストモードになり、画面には何らかの文字が表示されます。

　テキストモードでは、横 40 字× 24 行のテキストを表示することができます。画面に表示できる文字数が決まっているということは、つまり、文字のサイズや行間

などは、すべて固定で変更できないということを意味しています。今の感覚からすると、信じられないほど不自由なものに見えるでしょうが、当時はごく普通のことでした。しかも、Apple II の時代には表示できる文字の種類にもかなりの制限がありました。英字のアルファベットと数字、代表的な記号だけというのは、まだしかたがないと思えるかもしれませんが、そのアルファベットも大文字だけで小文字は表示できないとなると、さらに信じられないような気がするのではないでしょうか。Apple II も初期のスタンダードはもちろん、Apple II plus になっても、それは変わりませんでした。テキスト画面に表示される文字は、キャラクタージェネレーター、あるいはフォント ROM と呼ばれるチップに記憶された単純なフォントをハードウェアで読み出して画面上にドットのパターンとして再現するもので、その ROM に含まれる文字の形状以外のものは表示できませんでした。

　決まった形の文字しか表示できないという不自由度は、昔のタイプライターにもたとえられますが、タイプライターの場合、そのままアルファベットキーを押せば小文字で、シフトキーを押しながらでは大文字が打てます。また、キャリッジリターンキーを押してキャリッジ（ヘッド）が行の左端に戻った際に、自動的に入る改行の量も、何段階かで選べるのが普通です。つまり、文字自体の大きさやピッチは変えられなくても、行間の幅は変えることができ、それなりに変化を付けることはできました。そのように比べてみると、機械式のタイプライターよりも、ずっと貧弱なテキスト表示機能だったわけです。もちろん、文字を表示する目的がまったく違うので、それを比べてもしかたがないことですし、もちろん当時、それが問題になることはありませんでした。ただし、当時のパソコンをタイプライターのような文書の清書に使いたいという要求も、プリンターの品質向上とともに生まれてきました。それを実現するには、本格的なワープロソフトと、普通紙に印字できる高品質のプリンターの登場を待たなければならなかったのです。

　すでに述べたように、テキストモードでは、テキスト用のビデオメモリに書き込んだ ASCII コードに対応する文字を画面に表示します。もちろん、ビデオメモリと言っても、メインメモリから独立したメモリ空間にあるわけではなく、メインメモリの一部を使っています。そのビデオメモリのアドレスは、すでに述べたように第 1 ページが $0400 〜 $07FF、第 2 ページが $0800 〜 $0BFF となっていました。いずれも横 40 字×縦 24 行のテキスト表示に対応して並んでいます。

　通常ならば、このようなメモリのアドレスは、左上から右下に向かって、右に 1 文字分移動するごとに 1 バイトずつ増え、右端まで行ったら、次の行の左端に移動して、同じように増えていくというのが普通です。つまり、ビデオ信号のスキャ

ンの順番と、メモリアドレスの順番が一致するようになっているわけです。しかし、Apple II の場合には、これが違っています。まずこの配列を、第 1 ページについて見てみましょう（図 14）。

図14:テキスト用ビデオメモリの配列

行	ベース/オフセット	$00	$01	$02	$03	$04	$05	$06	$07	$08	$09	$0A	$0B	$0C	$0D	$0E	$0F	$10	$11	$12	$13	$14	$15	$16	$17	$18	$19	$1A	$1B	$1C	$1D	$1E	$1F	$20	$21	$22	$23	$24	$25	$26	$27
0	$0400																																								
1	$0480																																								
2	$0500																																								
3	$0580																																								
4	$0600																																								
5	$0680																																								
6	$0700																																								
7	$0780																																								
8	$0428																																								
9	$04A8																																								
10	$0528																																								
11	$05A8																																								
12	$0628																																								
13	$06A8																																								
14	$0728																																								
15	$07A8																																								
16	$0450																																								
17	$04D0																																								
18	$0550																																								
19	$05D0																																								
20	$0650																																								
21	$06D0																																								
22	$0750																																								
23	$07D0																																								

　まず先頭の行が $0400 から始まっているのは良いでしょう。何の疑問の余地もありません。そして、1 文字につき 1 バイトずつ、右に行くに従ってアドレスが増えていきます。1 行は 40 字なので、最初の行の右端は、座標で言えば（0, 39）ということになり、16 進数で表せば（$0, $27）です。というわけで、1 行目の右端のアドレスは $0400+$27 で、$0427 となっています。ここまでは問題ないでしょう。長い文字列を表示するような場合、テキストは折り返して次の行に行きますが、そのままの調子で進めば、ここのアドレスは、$0428 となりそうなものです。しかし 2 行めの先頭のアドレスを見ると、いきなり $0480 となっています。なぜか 128 文字分も進んでしまっています。

　それでは、$0428 はどこに行ったのかと探してみると、なぜか 9 行目の先頭、座標で言えば（$8, $0）のアドレスになっています。ついでにその行の最後まで行ってみると、そこの座標は（$8, $27）なので、アドレスは $044F となります。その次のアドレス、$0450 がどの行の先頭にあるかと言えば、今度は 17 行め、座標では（$10, $0）です。

　これで、だんだん規則性が見えてきました。全部で 24 行のテキスト画面は、縦に 8 行ずつ、3 つの領域に分かれているのです。この領域に上から、0、1、2 という番号を付け、その後ろにそれぞれの領域の中の行の番号をハイフンで区切って並べて書くことにしましょう。すると、ビデオメモリのアドレスは、まず 0-0 から始まって、次が 1-0、その次が 2-0 と続きます。そしてその後は 0-1、1-1、2-1、さ

らに 0-2、1-2、2-2、そして各グループの最後の行、0-7、1-7、2-7 まで続くのです。

　なぜこのようになっているかと言えば、その理由はいろいろと考えられますが、最終的な答えは、総合的に見て、それがいちばん効率が良いからということになるでしょう。少なくとも、当時のウォズは、そう判断したのです。3つに分けたのは、1 行が 40 字だと、3 行で 120 字になり、128 というメモリアドレスとして区切りの良い数字まで、あと 8 バイトになってしまいます。そこで、その 8 バイトは捨てて、次のグループを、ビデオメモリの先頭から 128 バイト後の $0480 から始めることにしました。それが画面の 2 行めの $0480 というアドレスです。同様に 3 行めは、そのまた 128 バイト後ろの $0500 から始めます。このようにすると、3つの領域ごとに先頭アドレスがキリの良いところから始まるので、何かと好都合です。テキストの座標からメモリのアドレスを計算するのが面倒だと思われるかもしれませんが、もともと割り算の使えない 6502 では、ビデオメモリが左上から右下に向かって一直線に並んでいたりすると、計算はかえって面倒になりがちです。このような飛び飛びの並びの場合、後でモニター ROM の部分で見るように、シフト演算の組み合わせで、座標を簡単に計算できます。

　一方、ビデオメモリの内容をビデオ信号に変換する部分では、左上から右下に向かって、画面上で連続するものはその通りにスキャンしていかなければなりません。しかし、そのあたりも、ちょっとした論理回路の設計によって3つの領域を考慮したメモリアドレスを生成することで、難なくクリアしています。このような飛び飛びのビデオメモリの並び方は、モニター ROM の座標計算と、ビデオジェネレーターの回路の設計も含めて、ウォズが使った Apple II のマジックの1つです。また後で説明しますが、同様の、というよりも、もっと複雑なビデオメモリの配列は、高解像度グラフィックにも採用されています。

　アプリケーションプログラムによって、任意の座標に文字を表示したいという場合、もし、ビデオメモリに直接文字コードを書き込むとすれば、このようなビデオメモリの配列規則を理解している必要があります。しかし、実際には、そうしたプログラムも、モニタープログラムの中のサブルーチン、つまり今で言うところの API を使って、座標に対応するビデオメモリのアドレスを計算できました。つまり、そのレベルでのプログラムは、機械語プログラムも含めて、このような一見非連続的なハードウェアの特徴を理解している必要はなかったのです。Apple II は、非常にエキセントリックだと思われる部分もありながら、実は非常に理路整然とした設計が施されていたのです。

●画面表示用文字コード

　文字をテキスト画面に表示するには、基本的には表示したい文字を表すコードをテキスト用のビデオメモリに書き込めば良いのです。その方法は、大きく2通りあって、1つはアプリケーションプログラムによって直接メモリに書き込む方法、もう1つはモニター ROM のサブルーチンを利用する方法です。結果はもちろんまったく同じです。その文字のコードは、もちろん ASCII コードの準拠したものですが、Apple II の場合、コードと文字の対応も、標準的とは言い難い使い方をしています（図 15）。

図15:テキストモードのビデオメモリの内容と表示文字の対応

| | 反転 | | | | 点滅 | | | | 通常 | | | | | | 小文字 | |
| | | | | | | | | | Control | | | | | | | |
下位ニブル \ 上位ニブル	$0	$1	$2	$3	$4	$5	$6	$7	$8	$9	$A	$B	$C	$D	$E	$F
$0	@	P		0	@	P		0	@	P		0	@	P		0
$1	A	Q	!	1	A	Q	!	1	A	Q	!	1	A	Q	!	1
$2	B	R	"	2	B	R	"	2	B	R	"	2	B	R	"	2
$3	C	S	#	3	C	S	#	3	C	S	#	3	C	S	#	3
$4	D	T	$	4	D	T	$	4	D	T	$	4	D	T	$	4
$5	E	U	%	5	E	U	%	5	E	U	%	5	E	U	%	5
$6	F	V	&	6	F	V	&	6	F	V	&	6	F	V	&	6
$7	G	W	'	7	G	W	'	7	G	W	'	7	G	W	'	7
$8	H	X	(	8	H	X	(	8	H	X	(	8	H	X	(	8
$9	I	Y	)	9	I	Y	)	9	I	Y	)	9	I	Y	)	9
$A	J	Z	*	:	J	Z	*	:	J	Z	*	:	J	Z	*	:
$B	K	[	+	;	K	[	+	;	K	[	+	;	K	[	+	;
$C	L	\	,	<	L	\	,	<	L	\	,	<	L	\	,	<
$D	M	]	-	=	M	]	-	=	M	]	-	=	M	]	-	=
$E	N	^	.	>	N	^	.	>	N	^	.	>	N	^	.	>
$F	O	_	/	?	O	_	/	?	O	_	/	?	O	_	/	?

　まず Apple II では、同じ文字でも、3種類の方法で表示できます。それは黒い背景に文字の形状が白く光る標準的な表示方法、白く光る背景に文字の形状が黒く抜ける反転表示、もう1つは背景と文字の形状が比較的短い周期で白黒入れ替わることを繰り返す点滅表示です。こうした3種類の表示方法は、どこかにモードの切り替えスイッチがあるわけではなく、文字コードによって決まります。つまり1文字ごとに、3種類の表示方法の1つを、文字コードを変えるだけで自由に選べるわけです。

　まず通常の黒地に白の表示方法ですが、これには $A0 ～ $DF の範囲の文字コードを使います。一般的な ASCII コードでは、$20 ～となるところなので、普通のコードに $80 を加えた値となります。これは単純に文字コードの最上位ビットを常にオ

ンにすれば良いだけなので簡単です。すでに述べたように、当時の Apple II は小
文字の表示ができませんでした。この場合、小文字の領域は $E0 〜 $FF となりま
すが、その範囲のコードを書き込んでも小文字にはなりません。$A0 〜 $BF と同
じ記号や数字が表示されるだけでした。

　それに対して、反転表示のコードは $20 から始まります。となると、$20 〜 $5F
の通常の ASCII コードの範囲が反転文字の範囲かと早合点しそうですが、それが
違うのです。反転した記号と数字は $20 〜 $3F ですが、アルファベットの大文字と、
若干の記号は $00 〜 $1F に入ります。それは $40 〜 $7F が点滅文字の領域だから
です。点滅の文字も、やはり $40 〜 $5F がアルファベットで、$60 〜 $7F が記号
と数字という順番になります。ちなみに、通常の ASCII コードではコントロール
文字の領域は $80 〜 $9F に割り当てられています。このコントロール文字を直接
ビデオメモリに書き込んだ場合には、標準的な黒地に白の文字が表示されます。

　こうした一見奇妙な配列を選んだ理由は、1つには3種類の表示方法を1バイト
の文字コードで選べるようにしたからであり、もう1つは、それをできるだけ単純
なハードウェアで実現するためだったと考えられます。つまり、文字コードの最上
位ビットがオンの場合には、強制的に黒地に白の標準的な表示になります。そうで
ない場合、つまり最上位ビットがオフの場合には、第6ビットがオンなら点滅、オ
フなら反転表示となります。そのように単純に分けるには、このような配列が最も
効率的だと言えるでしょう。そうしてみると、見た目はともかくとして、Apple II
にとって最もノーマルな表示方法は、白地に黒の反転表示だったと言えるかもしれ
ません。言うまでもなく、それは現在のパソコンの標準的な表示方法でもあります。

●低解像度グラフィック

　Apple II の低解像度グラフィックは、テキスト画面とビデオメモリを共有してい
ることは、すでに何度も述べた通りです。それがもし、1文字＝1ドットだとする
と、横40ドット×縦24ドットという、かなり荒いグラフィックになってしまいます。
さすがにそのままというわけではありませんが、実は大して変わらないとも言えま
す。キャラクター1文字の領域を縦に2分割して、独立してコントロールできる2
ドットとしているのです。ということは、つまり、横は40ドットのままで、縦だ
けが48ドットということになります。当時のパソコンの画面は、NTSC 方式のテ
レビなどに出力することを前提として、だいたい4：3の横長の画面になっていま
した。横より縦のドット数が多いので、これでは1ドットが正方形ではないことは

明らかです。それはそういうものだと理解するしかありません。

　というわけで、上下の2ドットを1まとまりと考えた場合の座標とビデオメモリのアドレスの関係は、テキストモードの場合と変わりません。縦方向の2ドットずつが、1バイトの中に収まっている形です。縦方向が3つのグループに分かれているのも、テキストモードと同じです。縦方向の行を2分割して水増ししているだけですが、念のためにビデオメモリのアドレスと座標の関係を図16に示します。

図16:低解像度グラフィック用ビデオメモリの配列

行	ベース\オフセット	$00	$01	$02	$03	$04	$05	$06	$07	$08	$09	$0A	$0B	$0C	$0D	$0E	$0F	$10	$11	$12	$13	$14	$15	$16	$17	$18	$19	$1A	$1B	$1C	$1D	$1E	$1F	$20	$21	$22	$23	$24	$25	$26	$27
0～1	$0400																																								
2～3	$0480																																								
4～5	$0500																																								
6～7	$0580																																								
8～9	$0600																																								
10～11	$0680																																								
12～13	$0700																																								
14～15	$0780																																								
16～17	$0428																																								
18～19	$04A8																																								
20～21	$0528																																								
22～23	$05A8																																								
24～25	$0628																																								
26～27	$06A8																																								
28～29	$0728																																								
30～31	$07A8																																								
32～33	$0450																																								
34～35	$04D0																																								
36～37	$0550																																								
38～39	$05D0																																								
40～41	$0650																																								
42～43	$06D0																																								
44～45	$0750																																								
46～47	$07D0																																								

　今の感覚からすると、このような低解像度のグラフィックには、大した用途もないと思われるかもしれません。しかし当時としては、曲がりなりにもグラフィックが表示できるだけで、それなりの有り難みがあったのです。また当時の、というよりも、もう少し後の時代までのパソコンのグラフィックは、色を表現するのに、光の色の3原色であるR（赤）、G（緑）、B（青）を、それぞれ1ビットずつ使って全部で8色（白と黒を含む）しか表現できない、というものが一般的でした。ちなみに、このような方式を「デジタルRGB」と、当時は表現していたものです。それに比べると、解像度は粗めでも、個々のドットごとに16色が表現できるApple IIの低解像度グラフィックは画期的だったのです。

　先に述べたように低解像度グラフィックでは、テキストモードの1文字分、つまり1バイトのデータを2つに分割して、それぞれ1ドットを表現します。つまり1ドットは4ビットということになります。4ビットなので、表現できる数値は0～15、それで16色が表現できるというわけです。その際の分割方法ですが、テキストの1文字に相当するバイトの下位4ビットが上のドット、上位4ビットが下のドットに割り当てられます。これで、各ドットには周囲の色とは無関係に、独立し

た色を指定できることになります。ただし、1ドットの色だけを変更する場合、上または下に隣り合うドットを表すニブルの値を保存して、変更したいドットに対応したニブルの値だけを変更する必要があります。ただし、実際にそのようなことに注意が必要なのは、直接ビデオメモリに値を書き込んでドットの色を変更する場合だけです。モニターROMにある低解像度グラフィックのプロットルーチンを使えば、座標と色を指定して、任意のドットだけを変更できます。4ビットで表現可能な0〜15（\$0〜\$F）の値に対応する色は以下の通りです（図17）。

図17:低解像度グラフィックで使う色の番号と色の名前の対応

色の値（10進）	色の値（16進）	色の名前（英語）	色の名前（日本語）
0	\$0	Black	黒
1	\$1	Magenta	マゼンタ
2	\$2	Dark Blue	暗青
3	\$3	Purple	赤紫
4	\$4	Dark Green	暗緑
5	\$5	Grey 1	グレイ1
6	\$6	Medium Blue	青
7	\$7	Light Blue	明青
8	\$8	Brown	茶
9	\$9	Orange	オレンジ
10	\$A	Gray 2	グレイ2
11	\$B	Pink	ピンク
12	\$C	Light Green	明緑
13	\$D	Yellow	黄
14	\$E	Aqua Marine	藍緑
15	\$F	White	白

　色の名前は、英語と日本語の両方で示しましたが、これらは、Apple IIのリファレンスマニュアルの英語版と日本語版にそれぞれ記載された正式なものです。これらが実際にどんな色になるのかは、今は少し置いておいて、第7章で簡単なプログラムを作って、実際に低解像度グラフィックのさまざまな色を表示して、確かめてみることにしましょう。

●高解像度グラフィック画面の変態的なアドレス構成

　Apple IIの高解像度グラフィックは、使用するビデオメモリからして低解像度グラフィックとは違いますが、表示の仕組みも、使用している回路も、まったく異なるものです。異なる2台のパソコンのグラフィック機能を、1つの基板上で実現し、切り替えて表示できるようにしたものと思えるほどの違いがあります。ちなみに、Apple IIの前任機として少量が手作りされたApple Iには、低解像度も、高解

像度も、グラフィック機能は備わっていませんでした。それが Apple II で、いきなり2種類のグラフィック機能を実現したのです。Apple I も Apple II も、ほとんど一人ですべてを設計したスティーブ・ウォズニアクの中で、それほど長くない期間に、1つの大きなブレークスルーが起こったと言っても良いでしょう。

　まずは、高解像度グラフィックの仕様を確認しておきましょう。解像度は、横方向が 280 ドット、縦方向が 192 ドットで、1ドットごとに最大6色の中の1色を表示できるというものでした。解像度については、厳密に4：3になっているわけではありませんが、アスペクト比は約 1.458 で、NTSC 方式のモニターの 1.333 に比較的近く、個々のドットがほぼ正方形に近いものとなっています。これでも、1ドットの横と縦の長さが等しいと仮定して円などを描くと、楕円になってしまうことに気付かないわけではありませんが、なんとか許される範囲に入ったのではないかという感じです。少なくとも図形を描く際には、低解像度グラフィックよりは、はるかに扱いやすいものになりました。

　それでも、今から考えると、かなり扱いにくいクセのあるものでした。まず問題となるのが色の表現方法でした。6色といっても、1ドットごとに何の制約もなく6色の中の1色を選べるわけではありません。これは低解像度グラフィックとの大きな違いです。一方、テキストや低解像度グラフィックとの共通点としては、画面上の座標に対して、ビデオメモリのアドレスが連続していないという、Apple II ならではの特徴もあります。しかし、その仕組みも、テキストや低解像度グラフィックに比べて、もう1レベル複雑になっています。

　色の表現方法については少し後で見ることにして、その前に高解像度グラフィックのビデオメモリの配置を確認しておきましょう（図 18）。

　ぱっと見る限り、これまでに示した、テキストや低解像度グラフィックと同じ構造のように見えます。この図では、実際に、全部で 24 行あり、それが8行ずつ、3つの領域に分かれているように描いています。また、横方向は 40 バイト分で、これもテキストや低解像度グラフィックと同じです。

図18:高解像度グラフィック用ビデオメモリの配列

行	ベースオフセット	$00	$01	$02	$03	$04	$05	$06	$07	$08	$09	$0A	$0B	$0C	$0D	$0E	$0F	$10	$11	$12	$13	$14	$15	$16	$17	$18	$19	$1A	$1B	$1C	$1D	$1E	$1F	$20	$21	$22	$23	$24	$25	$26	$27
0〜7	$2000																																									
8〜15	$2080																																									
16〜23	$2100																																									
24〜31	$2180																																									
32〜39	$2200																																									
40〜47	$2280																																									
48〜55	$2300																																									
56〜63	$2380																																									
64〜71	$2028																																									
72〜79	$20A8																																									
80〜87	$2128																																									
88〜95	$21A8																																									
96〜103	$2228																																									
104〜111	$22A8																																									
112〜119	$2328																																									
120〜127	$23A8																																									
128〜135	$2050																																									
136〜143	$20D0																																									
144〜151	$2150																																									
152〜159	$21D0																																									
160〜167	$2250																																									
168〜175	$22D0																																									
176〜183	$2350																																									
184〜191	$23D0																																									

　ここまでで言えるのは、高解像度グラフィックも、結局は横 40、縦 24 というテキスト画面の基本的な構造を踏襲しているということです。それで、グラフィックのドットとしては、横 280、縦 192 ドットを実現しているということは、1 バイト、つまり 1 文字分が横 7 ドット、縦 8 ドットで構成されていることになります。実際、テキスト画面の 1 文字は、行間の 1 ドットも含めると、横 7 ドット、縦 8 ドットで構成されています。つまり、テキスト画面も高解像度グラフィック画面も、1 ドットの解像度という点では同じだということになります。これはハードウェア的には、縦も横も、ディスプレイのスキャン速度が同じであることを意味します。すでに述べたように、Apple II では高解像度グラフィックモードでも、画面の底部の 4 行分だけテキストを表示できます。そんなことが可能なのも、スキャンの仕様として、まったく同じだからなのです。

　とはいえ、これだけでは、まだ高解像度グラフィックの仕組みは全体の 1/8 しか述べていないことになります。というのも、先に述べたように、高解像度グラフィックの場合は 1 バイトで横の 7 ドットを表します。これはなぜ 8 でなくて 7 なのかという点については少し後で改めて述べます。ここで言いたいのは、テキストで 1 文字分の領域に相当する縦 8 ドットを表すために、高解像度グラフィックでは 8 バイトが必要になるということです。上の図では、その部分が表現できていません。また図に登場しているビデオメモリのバイト数も、40 × 24 で 960 バイトしかないので、このままではテキストモードと何も変わらないことになってしまいます。アドレス範囲を見ても、上の図に見えているのは $2000 から $23FF のあたりなので、1KB くらいしかないことが分かります。

　ここで上の図のいちばん左の「行」という列を見てください。いちばん上が「0〜7」、次が「8〜15」で、以下同じように 8 行分の範囲を表しています。これは、

この図の1つのマスで8行分をまとめて表しているという意味です。そして0行めのアドレスは、$2000から始まるのですが、1行めは、この図には書いてない$400（1KB分）を$2000に加えた$2400から始まるのです。同様に2行めはさらに$400を加えた$2800から始まります。この0行から7行までのオフセットは、$400ずつ離れています。これを図19に示します。

図19:高解像度グラフィックの1ブロック内のオフセット値

行	オフセット
0	$0000
1	$0400
2	$0800
3	$0C00
4	$1000
5	$1400
6	$1800
7	$1C00

　もちろん、7行めより下は、8行めのオフセットはゼロなので、$2080から始まり、9行めのオフセットは$400なので、$2480から始まるというように続きます。分かりにくいかもしれませんが、ビデオメモリの配置で言えば、まず8で割り切れる行（y座標が0, 8, 16, 24...）用に連続した1KBの領域が、$2000〜$23FFの範囲で割り当てられます。それに続く、$2400〜$27FFの1KBの領域は、8で割り切れる数字に1を足した行（y座標が1, 9, 17, 25...）のものです。もちろん、その後も、1KBずつ、全部で8つの領域が並びます。結局、高解像度グラフィックの1画面のメモリ領域は、8KB分ということになります。

　高解像度グラフィックの場合、このように8つに分かれた個々の領域の中に3つのブロックがあり、画面の座標とメモリアドレスの関係は、テキスト画面や低解像度グラフィックよりもさらに複雑なものとなっています。知らない人が見たら、かなりエキセントリックな構成で、なぜこのような配置になっているのか、さっぱりわけが分からないでしょう。これも、ウォズニアク流に、ハードウェア、ソフトウェアとも、最高の効率を求めた結果だと考えられます。

　しかし、画面の座標が与えられたとき、それに対応するビデオメモリのアドレスを算出するのは、単純な計算ではできません。しかも、モニターROMのルーチンは、高解像度グラフィックをサポートしていません。さすがに、全部で2KBしかないモニターROMには、高解像度グラフィックに描画する機能は含めることができませんでした。当時のリファレンスマニュアルには、座標からアドレスを計算するため

の指標のようなものさえ掲載されていません。そのあたりを機械語でプログラムするのは、個々のプログラマーの腕に委ねられていたのです。特にリアルタイムのゲームソフトでは、高解像度グラフィックを扱う効率的なプログラミングが不可欠で、当時のプロのプログラマーが技量を競い合った部分です。1ドットずつアドレスを計算するのはまだしも、ゲームのキャラクターなど、ビットマップ画像を高解像度グラフィック画面に貼り付けるのは、かなり面倒でした。元の画像データは、当然ながら1行ごとに連続したデータとなっているのに、高解像度グラフィック画面では1行ごとに、一見バラバラのアドレスになっているからです。そのキャラクターを上下方向に1ドット動かすだけで、アドレスは大きく変わってしまいます。こうしたことを高速に実行するのは、かなりのプログラミングテクニックが必要です。

とはいえ、市販するゲームソフトを作るようなプログラマーはごく一部で、一般のユーザーは、浮動小数点を扱えるマイクロソフト製のBASIC（通称10K BASIC）を使えば、座標を指定するだけで、高解像度グラフィックに点をプロットしたり、直線を描いたりすることが簡単にできました。その範囲で使うには、もちろん、エキセントリックなビデオメモリの配置を気にする必要はまったくなく、そんな構造になっていることなど気付いていなかった人も多かったかもしれません。少なくとも、BASICでプログラミングする範囲では、当時の一般のパソコンと、ほとんど変わることなく高解像度グラフィック画面に描画することができました。

●モノクロのメモリ容量で6色を出す秘密

高解像度グラフィックがエキセントリックなのは、ビデオメモリのアドレスの並び方だけではありません。最大6色を表現可能な色指定の方法もかなり特殊です。これには、先に述べたように、高解像度グラフィック画面の1バイトで7ドットだけを表現していることと密接な関係があります。つまり、表示されない残りの1ビットが、色指定に関して重大な役割を果たしているのです。

その、色を選ぶビットを、ここでは「色決めビット」と呼ぶことにしましょう。ついでに実際にドットとして画面に表示されるビットを「表示ビット」と呼ぶことにします。1バイトごとに1ビットの色決めビットがあるとすれば、普通に考えれば、その色決めビットで、残りの7ビットの表示ビット全体の色を決めることになります（図20）。

高解像度グラフィックは、一種のビットマップ方式なので、ビデオメモリの1ビットが、画面の1ドットに対応します。そして、メモリのビットの値が0なら黒、1

なら何らかの色で光るのが基本です。その光る色を1ビットで決めるので、色は2つのうちの1つを選べます。つまり、表示ビットの値が0なら、そのビットに対応するドットは強制的に黒になりますが、表示ビットの値が1のときは、色決めビットで選んだ2色のうちの1色で光るというわけです。

図20:1ビットの色ぎめビットと7ビットの表示ビット

このような単純な方法でも、黒と色1と色2の3色が表現できることになります。たとえば、色決めビットが0なら、表示ビットが1のときに青で光り、0のときに黒になり、色決めビットが1なら、表示ビットが1のときに赤、0のときには黒になる、といった感じです。この場合、全部で青、赤、黒の3色が表現できます。ただし、青か赤の選択は1バイトごと、つまり7ドットごとにしかできません（図21）。

図21:色ぎめビットで1バイト分の色を決める単純な方式の例

| 1 | 0 | 1 | 1 | 0 | 0 | 1 | 0 | 色決めビット ＝ 0
青 黒 青 青 黒 黒 青

| 0 | 0 | 1 | 1 | 1 | 0 | 1 | 1 | 色決めビット ＝ 1
黒 黒 赤 赤 赤 黒 赤

　高解像度のカラーグラフィックと言うなら、1ドットごとにある程度の種類の色が指定できないと、表現力は非常に乏しいものになってしまいます。たとえばゲームのキャラクターのようなものを、カラフルに表現したくても無理でしょう。赤と青と黒の3色で、しかも7ドットごとにしか色を変えられなければ、形はドットのオン／オフで表現できても、色については、たとえば敵は赤1色、自分は青1色などというようにしなければなりません。折れ線グラフのようなものなら、途中で色を変える必要はないかもしれませんが、背景の黒を除いて、線の色が2色しか使えないのでは、やはり表現力の乏しいグラフになってしまいます。

　Apple IIの高解像度グラフィックは、いったいどのような仕組みで6色を表現することができ、カラフルなゲームのキャラクターなどもそれなりに表現することができたのか。これから説明する答えを見る前に、あれこれと想像してみてください。

　もし、Apple IIが実現したものと同様の方式を思いついたとしたら、当時に戻れば、少なくともアイディアは、ウォズニアクと張り合うことができたかもしれません。もちろん、それを単純な回路で実現するには、また別の難しさがあるわけですが。

　それでは、Apple IIの方式を説明しましょう。まず、表示されない色決めビットは、1ビットだけなので、そのオンオフで選ぶことができるのは2種類のうちの1つです。これについては、先の単純な例と同じです。しかし異なるのは、先の例では色決めビットで選んだのは、表示ビットが1のときに光る色そのものでしたが、Apple IIでは、2色のペア2種類のうちの1種類を選ぶということです。言い方を変えれば、色決めビットによって色のパレット（と言っても、色は2色だけですが）を選ぶのです。その2色のペアは、Apple IIの日本語のリファレンスマニュアルによれば、1つが紫と緑、もう1つが青と赤となっています。この色の名前は、実はあまり正確ではありません。紫と緑のペアは、まあ合っていますが、青と赤のペアは間違っていると言ったほうが良いでしょう。ただ元の英語のリファレンスマニュアルが、それらをvioletとgreen、blueとredと表現しているので、それを単純に日本語に訳しただけでのものです。間違っているのは、元の英語版のマニュアルです。この色のペアは、Apple IIの高解像度グラフィックの肝と言えるような、非常に大事な部分であり、それを設計者のウォズニアクが間違えるはずはありません。余談ですが、少なくともこのリファレンスマニュアルの製作には、ウォズニアクは絡んでいないのが、明らかになります。

　青と赤のペアが間違っている理由は、簡単に説明できます。それは、この色のペアは、互いに補色の関係になっていなければならないからです。補色というのは、ちょっと耳慣れない概念かもしれません。簡単に言えば、2つの色の光を混ぜたときに白に見えれば、それらは互いに補色の関係になっていると言います。逆に言えば、白い光から、ある色の光を除いたときに見える光の色が、その「ある色」の補色です。パソコンで色を指定する際にも使うことのある「色相」という概念をご存知なら、色相の円を思い浮かべてください。中心を挟んでちょうど180度反対側にある色が、互いに補色ということになります。

　もともと当時のパソコンのグラフィックの発色機能は、当時のテレビ、つまりNTSC方式のブラウン管に表示することを前提としたものなので、完全にアナログの世界です。色合いはテレビ側の調整によってもかなり変わってくるので、色の名前もある程度相対的なものと考えられます。そのため、Apple IIの色の名前は、必ずしも厳密なものではなく、それなりに許容範囲を持ったものと見ることもできます。そういう前提で見ても、紫と緑のペアは補色の関係になっていますが、青と赤

では、いくらなんでも範囲を超えています。これは青と橙（オレンジ）というべき
もので、正常な範囲に調整されたテレビに表示される色を見れば、誰でも「赤」で
はなく「橙」と呼ぶ色なのです。

　話が本題から逸れましたが、もとに戻すと、Apple II の高解像度グラフィックで
は、1 ビットの色ぎめビットで、2 つの色のペアのうちの 1 つを選びます。そのペ
アとは、1 つが紫と緑、もう 1 つが青と橙でした。ペアとなった色のうち、どちら
が光るかは、画面のドットの X 座標が奇数か偶数かによって決まります。具体的
には、色決めビットが 0 のとき、偶数座標のビットは紫、奇数座標のビットは緑で
光ります。一方、色ぎめビットが 1 のときは、偶数座標のビットは青、奇数座標の
ビットは橙で光ります（図 22）。

図22:色ぎめビットで選択する2種類の色のペア（口絵7）

　すでに述べたように、色決めビットの状態に関わらず、表示ビットの値が 0 のと
きは、偶数座標のドットも、奇数座標のドットも黒になります。たとえば、ある範
囲を紫で塗りつぶしたければ、色決めビットを 0 にして、偶数の座標に対応するビッ
トだけを 1 にすれば良いということになります。それだと、1 ドットごとに隙間が
空いてしまい、破線のようになって同じ色で塗りつぶすことにならないのではな
いか、という疑問はごもっともです。確かにデータ上はその通りで、紫黒紫黒紫…
というドットが並ぶことになります。しかし、実際には、これを画面に表示してみ
ると、NTSC モニターの画面の解像度が低いため、言い換えれば色が滲んで隣のドッ
トに干渉するため、黒い点は目視できず、紫一色のように見えるのです（図 23）。

図23:紫の表現

　それはともかくとして、これで、表示ビットが 0、つまり点灯していないとき
の黒も含めて、5 色までは出せることが分かりました。しかし、まだ大きな謎が
残っています。すでに述べたように、Apple II の高解像度グラフィックで出せる
色は 6 色なのですが、ここまでの説明では 5 色しか出てきていません。あと 1 色

はどうやって出すのでしょうか。すでに、これまでの説明の中にいくつかヒントがあるのですが、さらにもう1つヒントを出しましょう。その6色めの色は白です。そして、2つの色のペアが、それぞれ互いに補色の関係になっているというのが、大きなヒントです。繰り返すと、補色とは、同時に点灯すると白になる色でした。つまり、2つの色のペア、つまり奇数と偶数、隣り合ったドットを同時に点灯すれば白が表現できるというわけです。これは、2種類のペア、紫と緑でも、青と橙でも同じです。2種類の白があるわけではありません。また、色ぎめビットの状態に関わらず、表示ビットが連続して1になっていれば白になるので、白を出すのは簡単です（図24）。

図24:白の表現

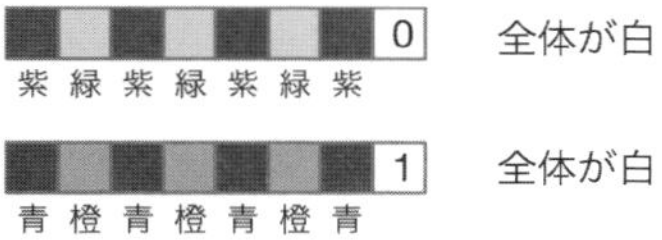

紫 緑 紫 緑 紫 緑 紫　　0　　全体が白

青 橙 青 橙 青 橙 青　　1　　全体が白

　これも、画面の解像度が十分に高ければ、紫緑紫緑紫…、または青橙青橙青…という色のドットが交互に見えるはずなのですが、実際には解像度が低く、しかも隣のドット同士の色が干渉するため、嫌々ながらも白に見えてしまうというところでしょう。しかし、考えてみれば、現在のカラーモニターも、R（赤）、G（緑）、B（青）のドットの組み合わせで色を作っています。そして白を表現するには、RGBすべてのドットが点灯するようにしているのです。原理的にはまったく同じです。そうした原理をうまく利用して、モノクロと同じ、極少のビデオメモリでカラーグラフィックを実現したApple IIは、この点だけを取っても、マジックとしか言いようがありません。

●高解像度グラフィックの注意点

　このように、かなりエキセントリックな方法によって、驚くべき効果を発揮する高解像度グラフィックですが、実際にプログラミングする段になると、さすがに、そのエキセントリックな手法が難しさとなって現れてくることも少なくありません。もちろん、特定の色を表現するためには、その色によってドットの座標が奇数か偶数のどちらかにしかできないという点も大きな制限です。そのため、色を特定した場合の横方向の解像度は、実質的には280ドットの半分の140ドット程度になってしまうことになります。また、白は単独の孤立した1ドットとしては表現できない

ので、縦方向に近い直線の場合、細い線が表現しにくいということも言えます。ただし、白の点は、奇数座標から始めても、偶数座標から始めても、2つ以上並べれば良いので、位置としては1ドット単位でずらすことができます。つまり白の点の「位置の解像度」としては横280ドット相当が維持されます。

　またこれは、実際にアセンブラーで高解像度グラフィックを扱うプログラムを書いてみないとピンとこないかもしれませんが、ドットの色が紫か緑か、青か橙かを決める偶数／奇数の座標というのは、あくまでも画面の座標です。ビデオメモリのバイトデータの偶数ビットや奇数ビットのことではありません。なぜそれが問題になるかと言えば、高解像度グラフィックでは、ビデオメモリの1バイトのうち7ビットしか画面に表示されないので、ビデオメモリ上に並ぶデータのビットの偶数／奇数と、それが画面に表示される座標の偶数／奇数の対応は、ビデオメモリ上で隣り合う1バイトごとに入れ替わるからです。画面の座標で言えば、7ドットごとに、画面の座標の偶数／奇数とビデオメモリのデータのビットの偶数／奇数の対応が入れ替わるのです（図25）。

図25:隣り合うバイトで座標と色の対応がずれる

偶数列のバイト

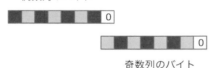

奇数列のバイト

　言葉で説明すると分かりにくいのですが、高解像度グラフィック用のビデオメモリの先頭のアドレス $2000 のデータの場合、最下位ビット（第0ビット）が画面の左上の角、座標で言えば（0, 0）のドットに対応します。これはX座標も、ビットの番号も0なので偶数です。当然ながら、このバイトの他のビットを含めて考えても、ビット0から6が、画面のX座標の0から6に対応するので、座標の偶数／奇数と、バイトデータのビット番号の偶数／奇数が一致しています。ところが、その右隣のアドレス $2001 のデータの場合、最下位ビット（第0ビット）が対応するのは画面の座標で言えば（7, 0）のドットです。そして、ビット0から6が、画面のX座標の7から13に対応するので、座標の偶数／奇数と、バイトデータのビット番号の偶数／奇数が一致しません。たとえば、ビデオメモリのアドレス $2000 のデータと同じデータを $2001 にコピーしたとすると、白以外の場合、色が変わってしまうのです。

　これは、特定の座標からメモリアドレスを計算して１ドットずつプロットするような場合には、その都度ドットの座標を計算するので、それほど問題にはならないでしょう。しかし、ゲームのキャラクターのようなものをビットパターンで定義して、それをメモリに転送して表示するような場合を考えると、かなり面倒な処理が必要だと気付きます。高解像度グラフィックの特性に合わせて、色を含めてビットパターンを定義したとしても、それをビデオメモリの奇数アドレスのバイトに書き込む場合と、偶数アドレスのバイトに書き込む場合で、色が違ってしまいます。仮に、偶数アドレス用のビットパターンと、奇数アドレス用のビットパターンを用意しておいたとしても、それらをビデオメモリの１バイトの境界で切り替える必要があります。横幅が15ドット以上のキャラクターなら、隣り合う３バイトにまたがるので、途中で２度もパターンを切り替える必要があります。さらに、キャラクターが１ドット、または２ドットずつ横に移動することを考えると、処理はさらに複雑です。いずれにしても、高解像度グラフィックを駆使したゲームのプログラマーには、かなり面倒な処理を高速に実行できるようにする、高度なテクニックが要求されたことは間違いありません。

5-4 | Apple IIの内臓I/O機能

●キーボード入力

　キーボード入力は、いろいろな工夫が盛りだくさんの Apple II の I/O 機能の中でも、ほとんどトリックらしいものがない、かなり素直な作りになっています。Apple II のキーボードは、もちろん、今のキーボードのように USB 接続になっているわけではありませんが、それでもキーボードユニットは、本体のマザーボードとは完全に独立して動作するハードウェアです。キーボードと Apple II 本体は、一種のパラレルインターフェースで接続されています。ユーザーが何かのキーを押すと、そのインターフェースに含まれるストローブ信号が発生します。それを受けて、マザーボードには割り込みが発生します。その割り込み処理の中で、ユーザーが押したキーに対応する ASCII コードを表す 7 ビットのデータを同時に読み込むのです。つまり、キーボードからマザーボードには、7 本のデータ信号がパラレルに接続されているわけです。キーボードから読み込んだ文字コードは、すでに述べたように、メインメモリのアドレス $0200 ～ $02FF までの 256 バイトのキー入力バッファに順に書き込まれていきます。

　また、Apple II のキーボードには、文字を入力するキー以外に、「RESET」という特殊なキーがあります。これは、今の感覚で考えると、かなり「恐ろしい」キーです。なぜなら、電気的に直接 CPU の RES ピンに接続されているからです。つまり、このキーを押せば、本当に強制的に、いつでも CPU をハードウェア的にリセットできるのです。今では考えられない構造ですが、当時は OS らしい OS もなかったので、ユーザーが CPU にリセットをかけることも、かなり普通の操作でした。今の感覚で言えば、ブラウザーの読み込み停止ボタンを押すくらいの手軽さです。

　キーボードの「RESET」キーの操作を Apple II のマザーボードに伝えるため、キーボード用のコネクターには、前述したストローブ信号や文字コードを直接伝える 7 本のデータ信号に加えて、CPU 用の RESET 信号も含まれています。もちろん、それ以外には、キーボードのハードウェアが動作するための電源と GND 線もあります。念のため、ここで、Apple II のキーボードコネクターのピン配置を確認しておきましょう（図 26）。

図26:Apple IIのキーボードコネクターのピン配置（Apple II Reference Manualより）

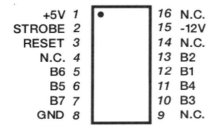

+5V	1	16	N.C.
STROBE	2	15	-12V
RESET	3	14	N.C.
N.C.	4	13	B2
B6	5	12	B1
B5	6	11	B4
B7	7	10	B3
GND	8	9	N.C.

　このように、ユーザーがキーを押すたびにストローブ信号を発生し、そのタイミングで押されているキーの文字コードを出力するようなキーボードでは、当然ながら、押されたキーは1つしか認識できません。これは、いわゆる「Nキーロールオーバー」で、キーボードとして同時に押されたキーをいくつまで識別できるかという問題とは違います。物理的に、同時に複数のキーが押されても、キーボードからメインボードへは、1つずつ順に押されたものとして信号が出力されることになります。キーボードの本来の用途として、文字を入力する範囲では、もちろんこれでまったく問題ないのですが、問題となりそうなのはゲームです。Apple IIのゲーム用の入力としては、後で述べるように最大4軸の可変抵抗の値をアナログ的（256段階）に読み取ることのできるポートがあり、付属のパドルや、サードパーティ製のアナログジョイスティックなどを接続することができるようになっています。しかし、ゲームの中には、たとえばキャラクターに複雑な動きをさせたり、直接コマンドを実行させるために、キーボードの操作の方が適したものもあります。その場合、ゲームプレーヤーとしてのユーザーは、どうしても複数のキーを同時に押してしまうことも多くなります。そうしたリアルタイム性も要求されるゲームの入力を、このような単純な文字コードのキー入力でさばくことができるのでしょうか。これは、実際に当時のゲームをプレイしてみれば分かりますが、キー入力方式などまったく意識することなく、少なくともゲームに没頭できるだけのレスポンスは実現できます。おそらく、その裏には、ゲーム開発者の血の滲むような努力もあったのでしょう。

●カセット入出力／スピーカー出力

　いまどきの感覚では、パソコンの「カセット入出力」と言われても、何のことなのか、疑問に思われる人も多いでしょう。この「カセット」というのは、「カセットテープレコーダー」のことです。当時、もっとも一般的に使われていた録音／再生装置がカセットテープレコーダーだったので、それを縮めて、このように呼ばれているのです。ただし、カセット入出力というのは日本でだけ通じる通称というわけでもなく、Apple II のリファレンスマニュアル「赤本」の回路図にも「Casette Data In」と「Casette Data Out」と出ています。省略せずに訳せば「カセットデータ入出力」ですね。これが正式な名称です。この端子は、入力と出力が別々で、いずれも RCA タイプのミニジャックです（図27）。

図27:カセット入出力ジャック写真

　これらは、データの入出力と言っても、実は音声の入出力です。出力した音声をカセットテープに録音しておき、後で必要に応じてカセットテープを再生して、その音声を入力するのです。ただ、この「音声」は、もちろん人間の声や音楽を記録、再生するためのものではありません。入出力するのは、あくまでデータです。ここで言うデータにはプログラムも含まれます。プログラムやデータをカセットテープに保存し、後から読み込むというのは、当時のパソコンとしては、ごく一般的な方法でした。すでにフロッピーディスクは発明され、実用化もされていましたが、当初は非常に高価だったため、多くのユーザーは、安価なカセットテープを利用していたのです。Apple II にも、専用の純正フロッピーディスクシステムが登場しましたが、他のパソコンに比べれば安価に作られていたとは言え、それでもやはり庶民にとっては高価なものでした。しかし、それもだんだん普及するにつれて、ゲー

ムを含む多くのソフトウェアがフロッピーディスクで供給されるようになったので、ますます普及に拍車がかかり、Apple II は、当時のパソコンの中でも、おそらく最もフロッピーディスクの普及率が高い機種だったと思われます。

　話が横道に逸れましたが、元に戻しましょう。もちろん、コンピューターのデータは、そのままではカセットテープに保存することはできません。そのためには、データをいったん音声に変換する必要があります。一種の「変調」をかけて、データを人間の可聴範囲、つまりテープレコーダーに録音可能な音声に変換します。逆にデータをコンピューターに読み込む場合は、一種の「復調」をかけて、テープレコーダーが再生した音声をデータに変換するのです。このように、データを変調したり復調したりする装置のことを「モデム」と呼びます。そう聞けば、パソコン通信が流行りだしてから、本格的なインターネット時代が始まるまでのころに使われていた黒い弁当箱のような機器を思い出す人も多いでしょう。パソコン通信のモデムは、パソコンのデータを電話回線を通してやり取りするためのものですが、それも電話回線なので、人間の声と同じような可聴域の音声に変換することになります。パソコン通信用のモデムの場合は、音声に変換したものを、そのまま送信するわけですが、データを保存する場合には、その音声を、カセットテープに録音するというところが違いますが、原理的には同じです。つまり Apple II のカセットインターフェースも一種のモデムということになりますが、電気的な接続部分を除けば、すべてソフトウェアで処理する、特殊なモデムです。

　当時は、カセットテープに記録した音を、頭出しをしたりするために耳で聞いてみる機会もよくありました。それがいったいどんな音なのかと言えば、今あるものの中でいちばん近いのはファックスです。すでにファックス自体、珍しくなってきましたが、ちょっと前までは、普通の電話に間違ってかかってきたりしたファックスの音を聞くこともあったでしょう。簡単に言えば「ピー、ヒョロヒョロヒョロ～」というような音です。詳しくは述べませんが、周波数の異なる2種類の音を組み合わせて、元のデータのビットのオン／オフを表現しているといったところです。

　このように、ソフトウェアによって人間の耳に聞こえる音を発生させるのは、一種のシンセサイザーのようなものです。Apple II では、基本的なビープ音はもちろん、ゲームの効果音なども、同じようにソフトウェアによって生成していました。やはり出力ポートのオンオフによって音の波形を強制的に作るのです。ユーザーのプログラムが停止したときなど、CPU の動作の合間に鳴らすビープ音は、CPU でループによる時間待ちをしながら出力ポートをオンにしたりオフにしたりすればいいだけなので、簡単です。しかしゲームの効果音などは、音を鳴らすと画面の動き

が止まってしまうのでは話になりません。音が鳴っていようがいまいが、画面はフルスピードで更新し続けなければなりません。その上で、効果音を出したり、場合によっては音楽を演奏させるのは至難の業です。しかし、Apple II の優れたゲームは、みんなそれをこともなげに実現していました。しかし本当は、ここでもプログラマーは血の滲むような苦労をしていたはずです。当時から、ゲームをしながらそれを考えると、頭の下がる思いがしたものです。もちろん、だからと言ってゲームが楽しめなかったわけでは、まったくありません。

　実は、カセットテープレコーダー用の出力と、スピーカー出力は兄弟のようなもので、実際に74LS74 という 1 つの IC を共有して、音声出力を実現しています。この IC は、いわゆるフリップフロップが 1 つのパッケージに 2 つ入ったものです。そのうちの 1 つをカセット出力、もう 1 つをスピーカー出力に使っていました。ただし、スピーカー出力の方は、実際に Apple II の内蔵スピーカーをドライブしなければならないので、MPSA13 というダーリントントランジスターを使って、簡単なアンプを構成しています（図 28）

図28:カセット出力とスピーカー出力の回路図（Apple II Reference Manualより）

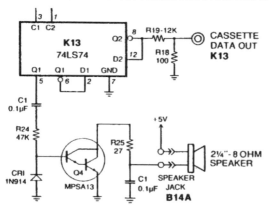

　それに対してカセット出力は、2 つの抵抗を組み合わせて、カセットテープレコーダーのマイク入力用に出力レベルを合わせているだけの、ごく単純なものです。いずれも、Apple II のミニマリスト的な構成の端的な例となっています。

●パドル入力

あまり知られていないことかもしれませんが、初期の Apple II を購入すると「パドル（Paddle）」と呼ばれる、一種のゲームコントローラーが付属していました（図29）。

図29:パドル（2個一組）写真

　現在ではパドルと言うと、カヌーなどを漕ぐための櫂（カイ）のようなものを想像する人が多いと思いますが、Apple II のパドルは、それとはまったく違うものです。簡単に言えば、1台のコントローラーは、1つのボリュームと、1つの押しボタンスイッチを備えたものです。この一人分のコントローラーが2個一組になったものが付属していました。つまり、標準で対戦ゲームをプレイ可能となっていたわけです。

　このようなコントローラーでは、例えば画面左右の端にラケットを模した縦棒を配置し、そのラケットをボリュームを回して動かし、画面の辺の部分で跳ね返るボールを模した点を打ち合う、テニスとも卓球ともつかないようなゲームがプレイできます。英語では、卓球のラケットのことを「パドル」と呼ぶこともあるので、このコントローラーの名前は、そこから来たものでしょう。初期のテレビゲームの代名詞的なブロック崩しも、このパドルで遊ぶのにぴったりのゲームです。

　ここで、このコントローラーが「2個付属していた」と言わないで、「2個一組になったもの」と表現したのには理由があります。それは、コネクターは1つだけで、そこから2つのコントローラーが生えている形になっていたからです。このコネクターは、「ゲームI/Oコネクター」と呼ばれるもので、キーボードのコネクターと同じように、ICソケット型のコネクターになっていました。それから、想像でき

るように、一般的なゲーム機のように、本体の外側に付いているわけではなく、メイン基板の上に IC ソケットとしてハンダ付けされていたのです（図 30）。

図30:ゲームI/O コネクター写真

そのコンタクタにコントローラーを抜き差しするためには、Apple II 本体の蓋を開けなければなりませんでした。ちなみに、Apple II 本体の後面パネルにあるスリットは、そうした中と外を結ぶケーブルを通すためのものなのです。そのスリットがあるおかげで、いったんケーブルを通して中のコネクターに接続すれば、また本体の蓋を閉めて、その上にモニターなどを乗せることもできました。

このコネクターには、全部で 16 ピンがあり、PDL0 から PDL3 までの 4 つのアナログ入力、SW0 から SW2 までの 3 つのスイッチ入力、それから、後で述べる 4 つのアナンシエータ出力 AN0 から AN3 などの信号が含まれています（図 31）。

図31:ゲームI/O コネクターピン配置（Apple II Reference Manualより）

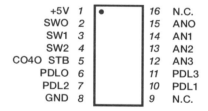

アナログ入力が 4 本もあるので、最大 4 軸の可変抵抗器の抵抗値を測れるわけですが、実際には、これをフルに活用したゲームソフトなどは、あまり普及しませんでした。その背景には、4 つのアナログ入力を読み取って処理するのが、当時の Apple II にとっては、けっこうな重い処理だったという事情があるように思います。

　ただし、X軸とY軸、2軸を使ったアナログジョイスティックは一般的でした。そうしたジョイスティックには、押しボタンが2つ付いてるものが多かったようです（図32）。

図32:ジョイスティック写真

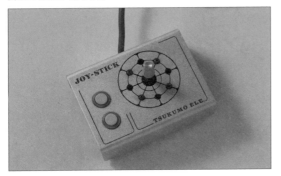

　ゲームI/Oコネクターには、アナログ入力は4つあるのに、ボタン入力は3つしかありません。そうせざるを得なかったのは、コネクターのピンが足りないからではなく、入力ポートが3ビット分しか余っていなかったからでしょう。コネクターには「N.C.」、つまりノーコネクションとなっている空きピンもあるのです。スイッチ入力が3つしかないので、物理的にも2ボタンのジョイスティックを2つつなぐことはできません。ジョイスティックで対戦するゲームが普及しなかったのは、そのせいもあるのかもしれません。

　ところで、このパドル入力は、一般的な言葉で言えば、一種のA/D変換器です。今では、そのような入力を実現するには、LSIに内蔵されたA/Dコンバーターを使うのが普通ですが、Apple IIの時代にはそんなものは存在しませんでした。もちろん複数の部品を組み合わせてA/D変換器を構成することは可能でしたが、Apple IIの基板には、そんなスペースはありません。またコスト的にも許容できるものではありませんでした。

　そこでウォズニアクは、ここでも画期的なアイディアによって、極小のハードウェアで簡略型のA/D変換器を実現していたのです。それは、ごく簡単に言うと、コンデンサーに電気がたまるまでの時間をタイマーで計測する、というものです。つまり、パドルなり、ジョイスティックなりの抵抗値が小さければ、電流が多く流れてコンデンサーに電気がたまるまでの時間が短くなります。逆に抵抗値が大きければ、電流は小さくなり、電気がたまるまでの時間が長くなります。その短長をタ

イマーで計測するのです。そのためには、「ワンショットタイマー」と呼ばれる IC を利用しています。この部分を簡略化した回路図を示します（図 33）

図33:パドル入力回路図

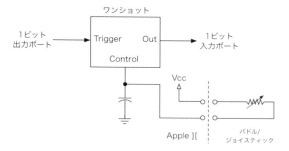

　この IC は、一般的には「555」と呼ばれるものと同等の機能が４つ入った「553」というものを、Apple II では採用しています。これは、ちょっとめずらしい部品かもしれません。555 が 8 ピンのパッケージなのに対し、553 は 16 ピンとなっています。553 の中身は４つの独立した 555 と等価なので、その気になれば４つの 555 で代用できるでしょう。

　タイマーは、ストップウォッチではないので、計測した時間をデジタルデータとして読み取れるわけではありません。トリガーをかけてから、一定時間後に遅れて出力ピンがオンになるというものです。タイマーと言うより、一種のディレイと言ったほうが、しっくりくる人もいるでしょう。その「一定時間」は、この IC に接続したコンデンサーと抵抗値によって決まります。この場合、コンデンサーは基板にハンダ付けされた 0.022 μF で固定ですが、上の回路図にあるように、抵抗はパドルやジョイスティックの可変抵抗器なので値が変化します。それに応じて、トリガーをかけてから出力がオンになるまでの時間も変化するわけです。

　このワンショットタイマーを A/D 変換器として利用するには、この時間の変化を CPU で読み取れば良いのですが、Apple II の場合、それはすべてソフトウェアによって行われていました。このタイマーのトリガーと出力は、Apple II から見れば、それぞれ１ビットの出力と入力ポートにつながっているだけです。そこで、まずソフトウェアでトリガーをかけてから、タイマーの出力がオンになるまでの時間を、やはりソフトウェアで計測するのです。その間、数をカウントしながら一定時間ごとに入力ポートの値を調べて、タイマーの出力がオンになるまでの時間を測ります。モニター ROM にも、パドルの値を読み取るサブルーチンが含まれています

が、そこでは単純にループを回して、タイマーの出力がオンになるまでのループ回数を数えています。これは、にわかには信じられないような方法かもしれません。タイマーの出力の変化による割り込みもないので、ずっとポートを監視していなければなりません。この方法では、もちろん、その計測の間、何もできません。単純にパドルの値を読み込むだけなら、それでも良いかもしれませんが、ゲームなどでは、その間動きが止まってしまいます。しかもどれくらいの時間止まるかも、ユーザーがパドルを回している角度、ジョイスティックならスティックを倒している角度によって違ってくるのでやっかいです。

　このタイマー回路のコンデンサーとパドルの抵抗の値は、上記のようなループで時間を計測したときに、だいたいちょうど0から255までの1バイトの値として読み取れるように設計されています。ウォズニアクがBYTE誌に書いているようにループの1回にかかる時間が12μsとなっているので、最小はだいたい12μs、最大は3072μs、つまり約3ミリ秒となるわけです。この3ミリ秒という待ち時間が長いか短いかは、簡単には判断できないかもしれません。そこで、他の時間と比較してみることにしましょう。仮に、ゲームが毎秒30フレームで動いているとすると、1フレームの時間は33ミリ秒となります。ゲームのプログラムは、その33ミリ秒の間に、すべての条件を計算して、次のフレームの画像を用意しなければなりません。その33ミリ秒のうち、1軸あたり最大3ミリ秒、2軸のジョイスティックでは、最大6ミリ秒も取られてしまうのは、やはり大きいタイムロスと言えるでしょう。ただし、当時のApple IIのゲームは、おそらくもっと遅いフレームレートで動いていたものと考えられます。例えば毎秒20フレームなら、1フレームあたり50ミリ秒、10フレームなら、1フレームあたり100ミリ秒となるので、フレームレートが遅いほど、パドル読み取り時間の影響は小さく感じられることになります。もし、待ち時間の影響をなくそうと思ったら、タイマーの出力を監視している間に何かの処理を実行するしかありませんが、それはかなり困難なプログラムになることは容易に想像できるでしょう。できたとしても、ポートの監視が時間的に飛び飛びになって読み取りの精度が悪くなってしまうことは避けられません。

　実際に当時のゲームをプレイした際の記憶をたどると、なんとなくジョイスティックの動きによって動きの滑らかさが変化するような気がしないでもない、という程度で、それほどギクシャクした動きにはならないものが多かったように思います。それはもちろん、そうならないようにプログラマーが工夫していたからに他なりません。この点だけを取っても、当時のApple IIのゲームのプログラミングが、いかに超絶的な技巧を要求したかが忍ばれるというものです。

●アナンシエータ出力

　先にちょっと触れたように、Apple II のゲーム I/O ポートには、「アナンシエータ（annunciator）」というちょっと聞き慣れないかもしれない名前の端子が含まれています。これは各 1 ビットのポートのオン／オフを切り替えられる出力で、4 つの独立したポートがあります。この語の元の意味は、アナウンスする人（もの）といったもので、電気用語としては信号表示装置というようなものになります。これは、視覚や聴覚に訴えることで、ユーザーに何かを伝えるためのもので、たとえばランプを付けたり、音を鳴らしたりといったスイッチとして機能させることができるでしょう。

　Apple II としては、何か決まった用途を想定したものではないでしょう。たとえば、ジョイスティックなどに、何らかの状態を表示するためのランプのようなものを装備し、このアナンシエータを利用して光らせたり消したりすることが考えられますが、少なくともそうした出力が標準的に採用されたことはないはずです。つまり、これはユーザーが自由に汎用の出力ポートとして利用できるものです。このようなポートは、最近流行りの Raspberry Pi などを使った電子工作用の小型コンピューター基板にも備わっています。目的も同じようなものです。もちろん当時の Apple II はインターネットに接続していたわけではないので、IoT とは言えませんが、その気になればモーターを動かしたり、外部機器の物理的な動作をコントロールするためのコンピューターとして使うことも、そのままで可能だったわけです。これは、今から思えば先進的な考えに思えます。

　4 つのアナンシエータ出力のためには、それぞれオンとオフを別のアドレスに割り当ててあるので、全部で 8 つの I/O アドレスが用意されています。たとえば、アナンシエータ 0（AN0）は、$C058 にアクセスすればオフになり、$C059 にアクセスすればオンになります。現在、どちらの状態になっているか知る方法はないので、プログラムでしっかり管理する必要があります。AN0 から AN3 までのオンオフのための I/O アドレスを表に示します（図 34）。

図34:アナンシエータ出力をオンオフするためのアドレス

アナンシエータ	設定状態	アドレス
AN0	オフ	$C058
	オン	$C059
AN1	オフ	$C05A
	オン	$C05B
AN2	オフ	$C05C
	オン	$C05D
AN3	オフ	$C05E
	オン	$C05F

COLUMN

シフトキーの機能を「拡張」する「Shift-Key Mod」

Apple IIの場合、テキスト画面に表示される文字は、当然ながらアルファベットと数字、そして一般的な記号だけですが、そのアルファベットも大文字だけとなっています。簡単に言えば、ワードプロセッサ的な使い方は、最初からまったく考えられていなかったことになります。では、文字は何のために表示するのかと疑問に思われるかもしれませんが、それはもちろん、プログラミングのためです。そのためだけとしか考えられていなかった、と言っても過言ではないでしょう。

しかし、ユーザーの要求が、メーカーがまったく考えてもいなかったことに及ぶのは珍しいことではありません。Apple IIが家庭に普及すれば、タイプライターの代わり、つまりワープロとして使いたいという人が出てくるのは、むしろ当然でしょう。ワープロとして使用するためには、少なくとも小文字の表示は不可欠です。ところが、そもそもApple IIの画面表示用のフォントを収めたキャラジェネROMには、小文字を表示するためのフォントは含まれていません。そのため、テキスト画面に小文字のアルファベットを表示するのは、物理的に不可能です。そこで、グラフィック画面に一種の絵として文字を表示する方法も開発されました。それなら、プログラムが自前でフォントを持つことにより、大文字、小文字はもちろん、どんな形の文字でも表示できます。また、標準の40桁に対して、80桁を表示可能な、文字専用のビデオカードなども開発され、Apple IIをワープロとして利用可能にする文字表示機能も充実していきました。

そうなると次に問題となるのはキーボードです。Apple IIのキーボードにも、もちろんSHIFTキーはありますが、それは主に記号を入力するためのものであって、アルファベットの大文字と小文字を切り替えるものではありません。また、Apple IIのキーボードのインターフェースは、どのキーが押されているかを伝達するためのものではなく、押したキー（の組み合わせ）によって発生する文字コードが伝わってくるものでした。つまり、そのままではSHIFTキーが押されていることをプログラムで読み取ることはできません。

そこで登場するのが「シフトキーモッド（Shift-Key Mod）」です。これは、一種のApple IIのハードウェア的な改造です。改造と言っても、簡単なもので、キーボードのシフトキーのピンと、ゲームI/Oコネクターの1ビット入力、具体的にはSW2を電気的に接続するというものです。ワイヤー1本を追加するだけです。これによって、プログラム側では、まず通常の方法で文字コードを読み取り、その際にキーボードのSHIFTキーが押されているかどうかをSW2入力の状態を調べることで知ります。もし、押されていれば、大文字と小文字を入れ替えた文字を入力するというわけです。これは、最初はおそらくどこかの1ユーザーか、サードパーティのプログラマーが考え出したものだと思われますが、それがだんだん広まって、一種のデファクトスタンダードのようになりました。後には公式に「Apple II and II Plus: Shift-Key Modification」として正式に認め、技術文書として発行しています。

Apple IIの場合、テキスト画面に表示される文字は、当然ながらアルファベットと数字、そして一般的な記号だけですが、そのアルファベットも大文字だけとなっています。Apple IIのキーボードは、コネクターによって本体のボードと分離することができるので、キーボードの基板上のシフトキーのピンと、ボード上のゲームI/Oコネクターのピンを直接結んでしまうと、そこだけ分離できなくなります。実際には1つのケースに収めら

れているので、それで困ることはないのですが、キーボードコネクターで分離できるようにする方法もあります。キーボードのコネクターには、N.C.となっている空きが4つもあるので、そのうちのどれか1つを利用して、本来のキーボードのケーブルとコネクターにSHIFTキーの信号を含めるのです。本体のボード上では、キーボードコネクターの中の対応するピンから、ゲームI/OのSW2のピンまで、ジャンパーを飛ばせば良いのです。

Shift-Key Modを施したキーボード基板の裏面

5-5 | Apple IIの拡張スロットの仕組み

●独自の拡張バスを装備

　Apple II には合計8本の拡張スロットが備わっています。拡張スロットは、文字通り Apple II の機能を拡張するためもので、そのスロットに拡張カードと呼ばれる基板を装着して使います。本体のメイン基板上に、エッジコネクターと呼ばれるメスのコネクターが付いています。そこに、通常「拡張カード」と呼ばれる別の基板を挿して使います。メスのエッジコネクターは、拡張カードの基板を差し込む部分が細い溝状になっているので、「スロット」と呼ばれるのです。オス側にはコネクターという部品は特になく、基板の端の一部分がちょっと飛び出して、そこに接点が並行に並んでいて、それがオス側のコネクターになっています。いわゆる「カードエッジコネクター」ですね。多くは、周辺機器などのI/O機能を拡張するのに使われましたが、特に用途に制限はありません。例えば、メモリの増設にも使えましたし、場合によってはメインボードのCPU、6502を完全に置き換えて、まったく異なるCPUで Apple II を動かすことも可能でした。

　今では、タワー型と呼ばれる大型のものでも、8本もの拡張スロットを備えたパソコンはめったにないでしょう。今の感覚からすれば、そもそも一般向けのパソコンに、そんなに多くの拡張スロットが必要だったのか、疑問に感じる人も多いでしょう。しかし、結論から言えば必要だったのです。Apple II の場合、これまでに見たように、キーボードは当然として、ビデオ出力とスピーカー、そしてゲームI/Oなど、いわばゲーム機として最小限必要なI/O機能は備えていましたが、言ってみればそれだけでした。例えばプログラムのソースコードをプリンターに打ち出したければ、プリンター用のインターフェースを拡張カードとして装着する必要がありました。また、後にいわゆるパソコン通信が盛んになってくると、モデムの拡張カードを装着して使う人もいました。もちろん、フロッピーディスク、場合によってはハードディスクを接続するのにも拡張カードが必要でした。あるいは、Apple II を理化学実験のコントローラーやデータ収集、分析装置として使うことも一般的でしたが、その場合、実験器具や測定器と接続する専用のI/Oカードを自作して使うという人も、けっして珍しくはなかったのです。このあたり、今で言えば、Raspberry Pi な

どのシングルボードコンピューターの守備範囲となっている部分ですね。Apple II の拡張スロットと、Raspberry Pi の GPIO では、基本的な考え方や信号の構成はちょっと違いますが、利用目的としては、重なる部分があったのです。というわけで、なんだかんだで、8本の拡張スロットは、わりとすぐにいっぱいになってしまうような状況だったのです。

　最近のパソコンは、プリンターにしろ、ディスクドライブにしろ、一般のユーザーにとって必要な I/O 機能を、あらかじめメインボード上に装備しているため、拡張スロットに頼る必要がないわけです。また、USB に代表される高速な汎用の外部インターフェースも備えているため、カスタムな I/O 機能が必要なら、パソコン本体とは独立した装置を作って、そうしたインターフェースで接続すれば良いのです。Apple II 当時にも、RS-232C など、汎用のインターフェースはありましたが、通信速度は遅く、用途は限られていました。そのため、ある程度以上高速の通信が要求される独自のインターフェースを持った装置などは、専用の拡張カードを通して接続することが必要になる場合も多かったのです。

　完全に余談ですが、Apple II よりも早く、1975 年に発売された Altair（アルテア）8800 という MITS 社のパソコンがあります。それは、「世界初のパーソナルコンピューター」と呼ばれているモデルですが、なんと 18 本もの拡張スロットを備えていました。しかも、その個々の拡張スロットのピンの数は 100 本もあります。それだけでも、コネクターのピンの数は 1800 にもなります。もちろん、それだけで、かなりのコストがかかってしまいます。それはともかくこのバスは、後に業界標準となり、S100 バスと呼ばれるようになった、拡張スロットの原点のような存在でした。さらに後には、公式な IEEE-696 バスとしても定義されました。

　Apple II のバスは、数も 8 本で、Altair に比べれば控えめなだけでなく、拡張スロットのピンの数も 50 と、Altair のものの半分になっていました。接点の数は合計 400 で、Altair に比べればそれだけでもコスト削減に貢献していることになります。また、Altair の拡張スロットは、単にメインボード上のバスや制御信号をそのまま取り出せるようにしているだけで、すべてのスロットについてまったく同じ信号が並んでいるものでした。それに対して Apple II の拡張スロットは、1 本ごとに異なる信号を含むようになっていました。これは、8 本の拡張スロットごとに独自のアドレスを持っていることを意味します。言い換えれば、あらかじめアドレス信号をデコードした制御信号が、各スロット毎に供給されていることになります。このような制御信号を利用することにより、各カード上の回路構成を大幅に簡略化できます。つまり、各カードは自分がアクセスされたかどうか

を知るのに、その制御信号だけを見ていればよく、それだけなら何も回路が必要ないのです。

　そのあたりの具体的な話は、少し後にするとして、とりあえず拡張スロットのピンアサインを見ておきましょう（図35）。

図35:拡張スロットピンアサイン（Apple II Reference Manualより）

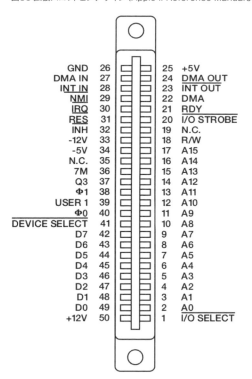

　これを見ると、すべてのアドレスバスやデータバスはもちろん、6502CPUの主要な制御信号が拡張スロットに出ていることが分かります。直接CPUのピンには含まれない信号としては、7MHzのクロック「7M」や、非対称の2MHzのクロック「Q3」などがあります。これらは、Apple II独自のクロック回路で、元のクリスタルの14MHz（正確には14.318MHz +/- 35ppm）から生成されるものです。

　後ろに「IN」と「OUT」の付いた2組の信号も近くに固まって配置されています。「DMA IN」、「DMA OUT」、「INT IN」、「INT OUT」のことです。これらは、

それぞれ DMA（Direct Memory Access）と割り込み（Interrupt）を、複数のカード間でデイジーチェーンするためのもので、用途としてはかなり特殊なものになるでしょう。実際にこれを利用する拡張カードが作られたかどうか、定かではありません。それに対して「DMA」は、まったく別の用途に使うものです。これについては、章末のコラム（P.166）を参照してください。

　拡張スロットの各ピンに割り当てられた信号のすべてが、すべてのスロットに用意されているとは限りません。言い換えれば、特定のスロットにだけ備わった信号もあります。例えば、「SYNC」と「COLOR REF」は、スロット7にだけあるものです。前者は、6502CPU の「SYNC」とはまた別の Apple II 独自のビデオの同期信号で、メイン基板上のビデオジェネレーターで作られます。後者は、ビデオ信号に使われるものですが、元は Apple II のクロックジェネレーターで生成される 3.5MHz のクロック信号です。ということは、スロット7だけで実現可能なビデオ関係の拡張カードの作成を意識したものということになりますが、それに対応する具体的な製品が出たかどうかも分かりません。

　また、すでに述べたように、1番ピンの「I/O SELECT」は、スロット1〜7にだけあって、スロット0にはありません。もちろんピンとしてはあるのですが、スロット0に限っては、N.C.（ノーコネクション）となっているのです。後で述べるように、これは拡張カードごとのプログラム ROM 領域にアクセスするための選択信号です。これがないということは、スロット0に挿したカード上の ROM にはアクセスできないことを意味します。このスロット0は、Apple II にメモリを増設してアドレス空間をすべて RAM にすることを可能にするランゲージカード専用ということになっているので、それでまったく困らないわけです。

　「I/O SELECT」と似た名前の信号に「DEVICE SELECT」があります。これは、拡張カードのメインの用途、つまり I/O 機能を拡張する際に、そのカードに割り当てられた 16 の I/O アドレスにアクセスされたことを示す選択信号です。これについては、次から詳しく見ていきましょう。

●スロットごとに割り振られたI/Oアドレス

　先に述べたように、8 本の拡張スロットには、それぞれ固有の I/O アドレスがあります。言い換えれば、同じ拡張カードでも、どのスロットに装着するかで、そのカードの持つ I/O 機能のアドレスが変化するということになります。これは、一見すると不便なような気がしますが、そんなことはありません。それどころか、

拡張カードの持つ I/O アドレスをジャンパー線や DIP スイッチなどで設定する必要もなく、何番の拡張スロットに挿したかだけでアドレスが決まるので、他の拡張カードと競合する心配も一切なく、かなり安全な仕組みなのです。このような機構も含めて、Apple II の拡張スロットが、まだそんな言葉もない時代から一種の「プラグ＆プレイ」を実現していたという先進性は、いくら強調しても足りないくらいです。

　ここで、各スロットに割り振られた拡張カード用の I/O アドレスを確認しておきましょう。メインボードの内蔵 I/O アドレスが $C000 ～ $C07F の 128 バイト分を占めていることはすでに示しました。拡張スロット用の I/O アドレスは、その続き、$C080 ～ $C0FF の 128 バイトに割り振られています（図 36）。

図36:拡張スロットごとのI/Oアドレス

スロット番号	ベースアドレス	下位4ビットアドレス															
		$0	$1	$2	$3	$4	$5	$6	$7	$8	$9	$A	$B	$C	$D	$E	$F
0	$C080																
1	$C090																
2	$C0A0																
3	$C0B0																
4	$C0C0																
5	$C0D0																
6	$C0E0																
7	$C0F0																

　このアドレスは、ランゲージカード専用のスロット 0 にもあります。そこはメモリカードなのだから I/O は必要ないだろうと思われるかもしれませんが、例えばメモリのバンク切り替えるためのスイッチをソフトウェアによって操作したければ、この I/O 機能を利用できるでしょう。

　各拡張カードは、拡張スロットの 41 番ピン「DEVICE SELECT」によって、自分の I/O 領域がアクティブになっていることを知ることができます。この信号がローのときは、自分の I/O アドレスのどれかにアクセスされていることが分かります。上の表から分かるように、各スロット用の I/O アドレスは 16 バイト分なので、そのうちのどれかを知るために、アドレスバスの下位 4 ビットだけをデコードすれば良いのです。もし 1 バイト分だけの入出力さえあれば良いのであれば、そのデコードも不要です。アドレスバスはいっさい接続することなく、「DEVICE SELECT」と 8 本のデータバス、あとは「R/W」さえ接続すれば、理論的には 1 バイトの入出力ポートを作ることができます。もちろん、実際にはデータバスの状態をラッチしたり、出力するためのバッファ用の IC は必要となりますが、実際に必要なのはそれくらいです。

●スロットごとのプログラムROMのアドレスと共通ROM空間

　Apple II の拡張カード上には、その拡張カードに固有の I/O 機能を利用するためのドライバーなどのプログラムを格納した ROM を置くこともできます。そのカードに固有のプログラム領域にアクセスされたかどうかも、I/O 領域とまったく同様に、拡張スロット上の制御信号だけで知ることができます。各カード専用のプログラム領域は、1 つのカードについて 256 バイトしか用意されていませんが、それだけでも十分な用途はいくらでもありました。この ROM によって、各拡張カードは、自分のポートにアクセスして、意味のあるデータを入出力するためのプログラムを自分自身の中に用意しておくことができます。Apple では、当初からこれを「インテリジェント」な拡張カードと表現しています。これも、先に述べたプラグ＆プレイの実現に貢献していた重要な要素の 1 つです。また、少し後で述べるように、ドライバーが 256 バイトでは足りない場合の対策も、ちゃんと用意されていました。

　拡張カード用 ROM 用の領域は、拡張カード用 I/O 領域の続きからで、$C100 〜 $C7FF の 896 バイトに割り振られています。すでに述べたように、スロット 0 には、この ROM 領域が割り振られていないので、1 から 7 の 7 つのスロット分だけとなっています（図 37）。

図37:拡張スロットごとのROMアドレス

スロット番号	ベースアドレス	下位8ビットアドレス															
		$00	$10	$20	$30	$40	$50	$60	$70	$80	$90	$A0	$B0	$C0	$D0	$E0	$F0
1	$C100																
2	$C200																
3	$C300																
4	$C400																
5	$C500																
6	$C600																
7	$C700																

　各拡張カード上の 256 バイトの ROM 領域にアクセスがかかったときには、拡張スロットの 1 番ピンの「I/O SELECT」信号が有効（ロー）になります。I/O アドレスのときと同様、この信号以外に、拡張スロットのアドレス信号（A0 〜 A7）から取り出した下位 8 ビットのアドレスを ROM チップに供給し、後は R/W 信号によってタイミングを合わせるだけで、各カード上のプログラム ROM への正当なアクセスが実現できます。

　詳しくは第 6 章のモニター ROM の解説の部分で述べますが、Apple II の拡張カー

ドは、基本的に入出力のリダイレクションとして動作します。出力の場合は、画面
への1文字出力を、ユーザーが指定した拡張スロット用の1文字出力ルーチンに置
き換え、入力の場合はキーボードから1文字入力を、やはりユーザーが指定した拡
張スロット用の1文字入力ルーチンに置き換えるという形を取ります。入力と出力
には、それぞれ別のスロットを指定できます。この方式では、例えば外部モニター
やプリンターといった周辺機器も、出力用の拡張カードとして簡単に接続できます。
また、パソコン通信のモデムからの入力をRS-232Cを通してキーボードの代わり
に1文字入力として割り当てるといった形で利用できます。パソコン通信の場合に
は、出力も同じスロットにして、モデムを通した双方向通信で、ホストにつなぐよ
うにするのが普通でしょう。このようにして、Apple IIをパソコン通信の1つのター
ミナルとして接続することができます。

　すでに述べたように、一般的な拡張カードは、スロット1〜7までをユーザーが
好きな位置に挿すことができます。ということは、拡張カード用のROM領域に収
められたプログラムは、ユーザーがそのカードをどのスロットに挿したかによって、
異なるアドレスに置かれることになります。そのため、この各スロット用の256バ
イトの領域に置かれるプログラムは、いわゆる「リロケータブル」である必要があ
ります。つまり、そのプログラム内での参照を、ジャンプを含めて、すべて相対
的なアドレッシングによってプログラムする必要があります。もちろん、それは
6502の豊富なアドレッシングモードを利用すれば、比較的容易なことでした。も
ちろん、ゼロページのアドレスや、Apple II本体のROM内のサブルーチンのアド
レスなど、固定されている部分には絶対的なアドレッシングが可能であり、特に難
しいプログラミングが要求されていたわけではありません。

　拡張カードの中には、単純な1文字入出力では済まないような機能を提供するも
のもありました。例えばタイプライターのように均一的な文字を1文字ずつ印刷す
るものではなく、グラフィック機能を備えたプリンターなどです。当時のプリンター
の場合、グラフィック機能と言っても、高解像度グラフィック画面のコピーをモノ
クロドットとして出力するようなものがほとんどでしたが、それでも、そうしたプ
リンターを制御するプログラムは、256バイトには収まらない場合が多いでしょう。
その際には、すべての拡張スロットに対して共通に用意された拡張用ROM領域、
$C800〜$CFFFを使うことができました。容量は2KBですね。今の感覚からすれば、
2KBなど、端数に過ぎない容量に思えるかもしれませんが、当時の感覚では、か
なりまとまった分量のプログラム領域と受け取られていました。実際、当時の大抵
のプリンターの制御プログラムは、この2KBに収められていました。もしそれで

どうしても足りなければ、普通のアプリケーションと同じように、フロッピーディスクからプログラムを読み込んで RAM に展開すれば良いのですが、それでは拡張カードのプログラムとして、恐ろしく使いにくいものになってしまいます。

　Apple II が拡張カードの拡張用 ROM 領域、つまり \$C800 〜 \$CFFF の範囲にアクセスする際には、拡張スロットの 20 番ピンの「I/O STROBE」が有効になります。ここでも、その信号を参照すれば、下位 11 ビットのアドレス線を ROM に供給するだけで、2KB の ROM 空間にアクセスできることになります。しかし、この拡張用 ROM 領域の場合には、それだけでは済まない事情があります。それは、このような拡張用 ROM を、どのカードでも持つことができるからです。そのアドレス範囲が 1 つ（\$C800 〜 \$CFFF）に固定されているので、当然ながら複数のカードで同時に拡張用 ROM を有効にすることはできません。つまり、「I/O STROBE」を見ているだけでは足りないのです。

　そこで、拡張 ROM 領域を利用する拡張カードには、1 つのラッチを用意して、自分が選択された状態になっていることを記憶しておくことが求められています。この「自分が選択された状態」になっているかどうかは、各スロットごとの ROM 領域がアクセスされたかどうかによって判断します。つまり、各スロットごとの「I/O SELECT」がアクセスされれば、そのカードが選択されていると判断するわけです。そこで「I/O SELECT」信号によってラッチをセットし、そのラッチの出力と「I/O STROBE」の両方が有効な場合にのみ、拡張 ROM を有効にするというわけです。ただし、そのままでは、電源を切るまでそのカードがずっと有効になってしまうので、任意のタイミングでラッチをリセットできるようにしておく必要があります。そのためには、アドレス \$CFFF が確保されています。これは、拡張用 ROM 領域の最後のアドレスですね。拡張 ROM 領域を利用する各拡張カードは、このアドレスをデコードし、それによって、ラッチをリセットする必要があります。つまり、各スロット用の 256 バイトのプログラムの中で、\$CFFF にアクセスすることで、すべての拡張カードのラッチを、いったんリセットするわけです。その後、自分の「I/O SELECT」信号によって、自分のラッチだけがすぐにセットされるので、自分だけが拡張用 ROM にアクセスできるようになるのです。

　Apple II の初期のリファレンスマニュアルには、このための概念的な回路図が示されています（図 38）。

　ただし、このリファレンスマニュアルの本文の説明は、「I/O SELECT」と「DEVICE SELECT」を混同していて、「DEVICE SELECT」によってラッチをオンにするように書かれています。もちろんそれは誤りで、回路図の方が正しいので

す。この誤りは、日本語に翻訳されたリファレンスマニュアルにもそのまま持ち込まれ、おそらく今日まで訂正されていないものと思われます。

図38:拡張用ROMを利用可能にする拡張カード上の付加回路

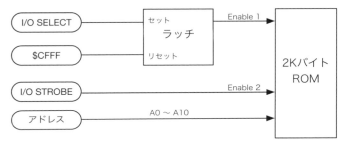

C　　　　O　　　　L　　　　U　　　　M　　　　N

Apple IIを他のCPUにすげ替えることさえ可能な
フレキシブルな設計

　Apple IIの拡張カードに想定された基本的な機能が、入出力をリダイレクトすることなのは確かですが、そういう使い方しかできない、ということを意味するわけではありません。メモリを増設して、実質的に64KBフルRAMを実現するランゲージカードもその一例です。またCPUカードのように、入出力でも、メモリ増設でもない、まったく別の動作をする拡張カードを利用することも可能です。CPUカードとしては、なぜかあのMicrosoftが、当時一般的なパソコン上でポピュラーだったDOS（Disk Operating System）、CP/MをApple II上で利用できるようにした「Z80 SoftCard」という製品を発売していました。これが、Apple II用のCPUカードとして、歴代で最もポピュラーなものだったと断言できるほど、よく使われていました。

　言うまでもなく、CP/Mは、インテルの80系（8ビット）CPU用のDOSで、その後86系（16ビット）用のMS-DOSが普及するまで、色々な分野で非常に広く利用されていました。各種プログラミング言語の開発環境も揃っていて、膨大なソフトウェアの蓄積もありました。それをApple II上でも利用できるようにしたいというのは、いわば当然の欲

求だったのです。とはいえ、80系と6502ではまったく系統が異なり、そのままではCP/M用のソフトウェアをApple II上で利用するのは絶望的です。そこで、考えられたのが、拡張カードとしてZ80のCPUカードだったというわけです。これは、このカード専用にI/O回りをチューンしたCP/Mとセットで販売されました。I/O機能を利用するときだけ、CPUを6502に切り替えるという、なかなか凝ったものです。この拡張カード上には、Z80CPUと、Apple IIのバスとのタイミングを調整したり調停したりするための付加ロジックだけが乗っていて、メモリもI/Oも、すべてApple II本来のものを利用するようになっていました。

　このようなCPUのすげ替えすら可能にしていたことからも、Apple IIの拡張スロットの柔軟かつ強力な設計がうかがえるというものです。拡張スロットには22番ピンに「DMA」という信号があります。拡張カードが、この信号を有効（ロー）にすると、メイン基板上の6502のアドレスバスは無効となり、6502CPU自体が停止します。これによって、拡張カードがApple IIを、ほぼ完全に乗っ取り、6502に代わってマシン全体を制御できるようになるのです。

第6章
Apple II ファームウェア詳解

この章では、Apple II のシステムモニターを中心とする、一種のファームウェアに話を進めます。たかがファームウェアと思われるかもしれませんが、今で言うファームウェアとはちょっと守備範囲が違うもので、やはりROMとして装備しているBASIC言語のインタープリタも含みます。それも合わせて考えれば、今日のOSや開発環境を含めた、機能的に非常に広範囲のものなのです。これは、前章のハードウェアと並んで、Apple II の真髄を成す部分です。Apple II の全体の設計者であるスティーブ・ウォズニアクは、ハードウェアだけでなく、このモニターROM、さらには整数型BASICのソフトウェア設計にも、遺憾なく精力を注ぎ込み、持てる才能を存分に発揮しています。特にたった2Kバイト、つまり2048バイトしかないモニターROMには、1バイトの無駄もない、非常に密度の高い設計が施され、その中に1つの宇宙があると言っても過言ではありません。ここでは、そのすべてを詳らかにするわけにはいきませんが、ROM領域全般の使い方を一通り確認した後、システムROMの中身についても、可能な限り詳しく見ていきましょう。

6-1　システムモニターだけではないROM領域マップ ……………………………… 168

6-2　BASICだけではない6K BASICのROMの中身………………………… 176

6-3　超高密度モニターROMの中身……………………………………………… 182

6-1 システムモニターだけではない ROM領域マップ

●Apple IIとApple II plus

　最初期の Apple II には、メインボードのレビジョンは別にして、オリジナルの「Apple II」と、それに続く「Apple II plus」があります。前者を特に区別するときは「スタンダード」と呼ぶことが多いでしょう。後者を短く呼べば「プラス」です。スタンダードとプラスの外観の違いは、正面中央のプレートにある名前以外にも、キーボードの左下の角にある電源ランプの形にも現れています。スタンダードの電源ランプは、普通のキーのキートップ部分を切り取って、そこに半透明の白いプラスチックをはめ込んだような形ですが、プラスの電源ランプは、本体から飛び出していない平らなプレートのような形です。

　もちろん本書の主題にとって、電源ランプの形状は大して重要ではないのですが、両者の中身には本書にとって重大な違いがあります。それは、一種のファームウェアとして搭載している ROM の構成が、まったくと言って良いほど異なっていることです。最も大きな違いは、スタンダードには、整数型の 6K BASIC が搭載されているのに対し、プラスには浮動小数点が扱える 10K BASIC が搭載されていることです。前者の整数型 BASIC は、ウォズニアクの作品で、整数型とは言え、6KBの中に収まっているとは信じられないほど強力な機能を持っています。しかも、その 6KB の中には、後に述べるように、BASIC とは直接関係のない様々な機能も含まれているのです。一方、後者の 10K BASIC は Apple が Microsoft に依頼して作成してもらったもので、浮動小数点数が使えることと、高解像度グラフィックの描画機能を持っていることを除けば、あまり魅力のないものとなっています。もちろん扱える数字の型に違いがあるため、公平な比較はできませんが、動作速度も 6K BASIC の方がキビキビした印象で、それに比べると 10K BASIC は、もたついた感じがあるのは否めません。

　Apple II の ROM エリアは、全部で 12KB 分しかないので、プラスは、2KB のシステムモニター ROM と 10KB の BASIC だけでいっぱいになっています。それに対してスタンダードは、2KB のシステムモニター ROM と、6K BASIC を足しても 8KB で、まだ 4KB の空きがあります。Apple II の ROM は、1 つのチップで 2KB

の容量のものが使われていたので、12KB では、ソケットは全部で 6 個です。スタンダードでは、システムモニターと 6K BASIC で 4 個のソケットを占め、残り 2 個は空きの状態で売られていました（図 1）。ただし、その片方には「Programmer's Aid #1」というオプションの ROM を購入して装着することも一般的でした。

図1:メインボードROM領域写真

　この Programmer's Aid #1 については、後で詳しく述べますが、一種のユーティリティ集のようなもので、6K BASIC から使えるサブルーチンや、機械語プログラムを作成する際のツール的なものが収録されていたのです。ここで、スタンダートとプラス、両方の ROM の構成を図で確認しておきましょう（図 2）。

図2:システムROM領域全体の割り振り

アドレス	Apple][	Apple][plus
$D000 ～ $D7FF	Programmer's Aid #1	Applesoft][(10K) BASIC
$D800 ～ $DFFF	空き	
$E000 ～ $F7FF	Integer (6K) BASIC + Utility	
$F800 ～ $FFFF	Monitor ROM	Autostart ROM

　上の図からも分かるように、スタンダートとプラスには、同じ $F800 ～ $FFFF の 2KB の領域に配置されているモニター ROM の名前が違います。違うのは名前だけでなく、中身も部分的に違います。アプリケーションから使える一般的なサブルーチンの種類やアドレスは同じなので、ユーザーのプログラムは同じように動くのですが、システムモニターとしての機能にくつかの違いがあります。その違いは、大きく次の 4 つにまとめることができるでしょう。

・リセットサイクル
・カーソルコントロール
・表示の一時停止機能
・機械語プログラムのデバッグ機能

　まず、名前の違いの由来となっているのは、リセットサイクルの違いです。プラスが装備する「Autostart ROM」とは、訳すとすれば「自動起動」となるでしょう。つまりスタンダードの ROM は自動起動ではなく、プラスは自動起動というわけです。これはもしかすると、スタンダードは、電源を入れても、リセットキーを手動で押さないと起動しないのか、と思われるかもしれませんが、そんなことはありません。スタンダードは、電源を入れたり、リセットキーを押したとき、必ずシステムモニターが起動します。6502 は、リセットがかかると、$FFFC ～ $FFFD のアドレスにあるリセットベクターが示すアドレスにジャンプします。オリジナルのモニター ROM は、そこに $FF59 というアドレスが書いてありますが、それはシステムモニターの初期化ルーチンです。一方のプラスの Autostart ROM は、電源が入ったときには「コールドスタート」、リセットキーが押されたときには「ウォームスタート」となります。コールドスタートの場合、フロッピーディスクドライブが接続されていれば、そこから DOS を読み込んでから、BASIC などの言語を起動します。ウォームスタートでは、すでに DOS が読み込まれていれば、実行環境もそのまま保全して、BASIC などの言語のプロンプトに戻ります。オリジナルの ROM でも、モニターから、ちょっとコマンドをタイプするだけで、コールドスタートやウォームスタートと同じことができるので、特に不便はありません。むしろ自由度が高くて安心です。

　次のカーソルコントロールというのは、画面上のカーソルの位置を上下左右に移動することを可能にするものです。この機能は、オリジナルの ROM とオートスタート ROM では、じゃっかんキーの構成が違います。Apple II のキーボードには、左右の矢印キーしかないので、BASIC のプログラムを編集したりする場合、不便なことがあります。この機能は、「ESC」キーを押してから「D」「B」「A」「C」のいずれかのキーを押すことで、カーソルをそれぞれ上、左、右、下に移動します。これはオリジナルとオートスタート ROM に共通ですが、オートスタート ROM では、さらに「I」「J」「K」「M」という、いわゆるダイアモンドカーソルキーに対応し、やはりそれぞれ上、左、右、下の方向にカーソルを移動できます。

　表示の一時停止機能も、やはり BASIC などのプログラムの長いリストを表示しながら確認するような場合に便利なものです。この機能は、オートスタート ROM

にだけあるものです。これは「CTRL」キーと「S」キーを同時に押すことで表示
を一時停止するというものです。1回押せば表示が停止し、その状態からもう1回
押せば表示が再開するわけです。

　ここまでの説明では、オリジナルのROMは、オートスタートROMに比べて機
能が低いと思われるかもしれませんが、実際にはもちろんそんなことはありません。
オリジナルのROMには、ウォームスタートやリスト表示の一時停止機能がない代
わり、もっと重要な機能が備わっています。それが機械語プログラムのデバッグ機
能です。具体的には、機械語プログラムを1ステップずつ実行したり、レジスター
の値を表示させながらトレース実行するというものです。このようなかなりトリッ
キーな機能を、ウォームスタートや表示の一時停止といった単純な機能と同じだけ
のプログラムサイズで実現できるのは、むしろ驚異的だと考えられます。その意味
では、オリジナルのROMからオートスタートROMへの変化は、一種の退化だと
主張する人がいたとしても、まったく驚きません。

　このようなモニターROMの機能の変化は、スタンダードからプラスへ移行した
比較的短い期間の間に、Apple IIを機械語でコツコツとプログラムする人が減っ
て、代わりにフロッピーディスクシステムを接続して、そこからDOSを起動して
BASICでプログラムする人や、もっとストレートに市販のゲームで遊ぶだけの人
が増えたことを示していると考えても良いでしょう。

　なお、プラスとほぼ同じ時期に日本で販売されたApple IIには、「j-plus」とい
うモデルがありました。これは、Apple IIでカタカナを表示可能にしたものでした。
キャラクタージェネレーターROMの中にカタカナのフォントを入れ、文字コード
でいうと、$00〜$3FのInverseの部分に対応させてありました。つまり反転文字
の代わりにカタカナを表示するようになっていたわけです。また本体の外観も、わ
ずかながら違っていました。普通のプラスは、本体中央のネームプレートに、青り
んごのような黄緑色で「plus」という斜体の文字が入っていたのに対し、同じ位置
に赤い斜体文字で「j-plus」と入っていました。またキーボードのキーの手前の面
にカタカナが刻印されていました。このj-plusも、もちろんROMはオートスター
トROMを搭載していましたが、日本向け仕様のために微妙に異なる部分もあり
ました。そのために手を加えたエンジニアの名前として「ANDY H」という文字
が記録されています。これは、もちろんAndy Hertzfeldのことです。ハーツフェ
ルドは、1984年に発売されたオリジナルのMacintoshのファームウェアである
Toolboxの作者として有名ですが、j-plusが登場した1979年には、すでにApple II
のために中核的な仕事を任されていたことが、ここからも分かります。

●オプションのProgrammer's Aid #1

　さて、ここで 6K BASIC を搭載したシステムにだけ装着でき、6K BASIC と併せて使ってこそ意味のある Programmer's Aid #1 について、少し詳しく見ておきましょう。

　Programmer's Aid #1 は、れっきとしたソフトウェア製品ですが、すでに述べたように ROM チップ1個で供給されていました。ソフトウェアを販売するためのメディアというものが消えてしまった今では考えにくいことながら、フロッピーやCD ではなく、ROM という IC がメディアだったのです。当時の Apple II の ROM は、1チップのサイズが 2KB なので、この ROM の中身のサイズも 2KB です。その中に内蔵されている機能は、大きく次の8種類です。

1　整数 BASIC の行番号のリナンバー
2　既存の整数 BASIC プログラムの後ろにテープから別のプログラムを読み込む
3　整数 BASIC のプログラムが正しくテープに保存できたかベリファイする
4　機械語プログラムやデータが正しくテープに保存できたかベリファイする
5　6502 の機械語プログラムをリロケートする
6　Apple II のメモリが正しく動作しているかチェックする
7　整数 BASIC から音符の演奏を可能にする
8　整数 BASIC から高解像度グラフィックによる描画を可能にする

　最近では、昔ながらの BASIC を使う人もほとんどいないと思われるので、行番号のリナンバー機能と言っても、いったい何のことかと思われる人が多いかもしれません。当時の BASIC でプログラムを書く際には、行の先頭に手動で行番号を付けることになっていました。BASIC のインタープリタは、その行番号の若い行から順に実行するわけです。また分岐の際の飛び先も、その行番号を使って示します。その番号は、後でデバッグするためや、新しい機能を付け加えるために行を追加することに備えて、ある程度の間隔を開けて飛び飛びに付けるのが普通です。例えば、10 から始めて、次は 20、その次が 30 という感じです。その後、編集していくと、行番号が詰まって足りなくなったり、そうでなくても間隔が揃わなくなって見苦しくなったりします。そこで行番号を一定間隔で付け直すのが1のリナンバー機能です。その場合、分岐の飛び先なども考慮して、つまりプログラムの中身も変更しながら付け替えなければなりません。それを人手でやるのは、単に手間がかかる

だけでなく、間違いが起こりやすくなります。もう少し後の時代の BASIC は、本体にリナンバー機能を内蔵するようになりましたが、Apple II の BASIC では、6Kはもちろん 10K にもありませんでした。つまり、Programmer's Aid #1 と併せて使うことで、この点に関して 6K BASIC は 10K BASIC にもない機能が使えるようになったのです。

　テープに保存した BASIC のプログラムを読み込むと、そのままではその時点でメモリにあったプログラムはすべて消去され、テープから読み込んだプログラムで上書きされてしまいます。そうしないで、元あったプログラムを保持したまま、テープから読み込んだプログラムを後ろにつなげるのが 2 の機能です。1 つのプログラムの後ろに、別のプログラムを結合するアペンド機能ということになります。

　テープにプログラムを保存しても、その際の録音状態が悪いと、後で読み込もうとしたときにエラーになって読み込めないことがあります。その場合、他に記録や印刷したものがなければ、そのプログラムは消失してしまうことになります。正しくテープに記録できたか試すために、読み込んでみようとすれば、そのままではメモリのプログラムが消えてしまうので、もし記録が失敗している場合は、結局消失してしまうことになります。そんなことが起こらないよう、メモリに残っているプログラムと、テープに書き出したプログラムを、テープを実際に読み込みながら比較するのが 3 の機能です。もしここでエラーが起これば、同じテープの別の場所や、別のテープに記録し直せば良いのです。

　それと同じことを BASIC のプログラムではなく、機械語プログラムやデータに対して実行するのが 4 の機能です。指定したアドレス範囲の機械語プログラムやデータは、モニター ROM の機能を使ってテープに保存したり、読み込んだりすることができるようになっていました。

　5 の機械語プログラムのリロケートというのは、ちょっとだけ BASIC プログラムのリナンバーに似たところもありますが、もちろん意味は違います。これは、機械語プログラムを置くアドレスを変更しても、そのプログラムが支障なく動くように、必要なアドレス値などを自動的に変更するものです。6502 の場合、単なる分岐命令だけなら相対ジャンプを使ってリロケータブルなプログラムを書くのは難しくありませんが、サブルーチンの呼び出しでは、そうはいきません。サブルーチンを呼び出す命令には、絶対アドレスを指定する JSR はあっても、相対的にアドレスを指定する BSR のような命令はないのです。そこで、この機能を使えば、アドレスの書き換えが必要な命令を探し出して、必要な変更を加えながらプログラムの位置を移動してくれるのです。

　6は、一種のハードウェアのチェックで、不良のあるメモリチップを検出するためのものです。当時は、今よりもずっと故障率が高かったので、メモリチップの動作がおかしくなるということも稀ではありませんでした。その際、部分的な不良が起こると、何が悪いのか識別が難しくなる場合があります。それがメモリチップのハードウェア的な問題なのかどうかを確認するための機能です。

　7は、音程と、音の長さ、そして音色を指定して音を鳴らす機能です。一種のシンセサイザーですね。音色というと、色々な楽器の音を模した音が鳴るのかと思われるかもしれませんが、それとは程遠いものです。指定できるのは5種類ですが、どれを選んでも音色はそれほど変わりません。「音」と言っても、元々が波形は矩形波であり、おそらくそのデューティ比（オンとオフの時間の比率）を変えているだけだと思われます。

　すでに述べたように、6K BASICには高解像度グラフィックを扱う機能がありませんが、8はそれを補うものです。一般的な描画機能としては座標と色を指定してドットを打ったり、2点間に直線を描いたりするものでした。また、Apple II独自のシェイプ（Shape）と呼ばれるベクトルデータによるスプライトのような図形を高解像度で描くこともできます。このシェイプは、回転やスケーリングもできる、当時としては先進的なものでした。このような高解像度グラフィック機能は、ほとんど10K BASICに搭載されたものと同等と考えることができます。これはむしろ、10K BASICがProgrammer's Aid #1の機能を取り込んだと考えるのが妥当でしょう。

　Programmer's Aid #1によって実現される機能は、メニューから選んで使えるようなユーザーインターフェースを持っているわけではありません。単に機械語プログラムとしてROMの中に置かれているだけです。それを利用するには、BASICならCALL命令を使って、特定のアドレスを呼び出します。パラメータは、呼び出す前にゼロページの所定のアドレスに書き込んでおきます。つまり、機能を利用するだけでも、今から考えるとかなりの手間がかかるものでした。しかし、それによって得られる機能は、そのような手間を補って余りあるものだったと言えます。

　また、Programmer's Aid #1に含まれる8本のプログラムは、すべてマニュアルにソースコードが、惜しげもなく記載されていました。その作者は、音楽演奏機能を除いて、すべてウォズニアクです。Apple IIのシステムモニターだけでなく、ここでもソースコードを読むことで、ウォズの6502プログラミングの奥義を堪能できるのです。これは当時のプログラマーにとって、一種のバイブルのようなものとして受け取られたに違いありません。特に高解像度グラフィックの描画機能については、自分のプログラム内で同様の機能を独自に実現するとしても、アドレス計

算の方法などがトリッキーで、言語は問わず、実装するにはかなりの熟練が必要だっ
たのです。こうしたソースコードは、そうした意味でも非常に参考になるものでした。
　ここにソースコードを転記するわけにもいかないので、8本それぞれのプログラ
ムが占めているアドレス範囲だけを示しておきます（図3）。読者が自分で Apple II
の ROM の中身を解析する際に、少しは役に立つでしょう。

図3:Programmer's Aid #1に含まれるプログラムのアドレス範囲

プログラム	アドレス範囲
High-Resolution Graphics	\$D000〜\$D3FF
Renumber	\$D400〜\$D4BB
Append	\$D4BC〜\$D4D4
Relocate	\$D4DC〜\$D52D
Tape Verify (BASIC)	\$D535〜\$D553
Tape Verify (6502 Code & Data)	\$D554〜\$D5AA
RAM Test	\$D5BC〜\$D691
Music	\$D717〜\$D7F8

　なお、この ROM の名前の最後に「#1」と付いていることから想像すると、当
初は「#2」も計画されていたのではないかと思われます。6K BASIC の ROM を
搭載したオリジナル Apple II では、もう1つ ROM のソケットが空きになって
いたので、そこに装着することを考えていたのかもしれません。しかし実際には、
Programmer's Aid #2 が発売されることはありませんでした。その前に、開発さ
れていたのかさえも定かではありません。もし #2 が開発されていたとしたら、そ
こにどんな機能が盛り込まれていたのか、想像してみるのも楽しいかもしれません。
さらに、その想像に従って、自分で作ってみれば、もっと楽しいはずです。

6-2 BASICだけではない 6K BASICのROMの中身

●6K BASICのROMに潜む3つの驚き

　この章の本題は、やはり Apple II のシステムモニターですが、そこに進む前に、もう1つだけ寄り道をしていきましょう。それは、容量が全部でわずか 6KB しかない整数 BASIC の ROM の中に仕込まれた、BASIC とは直接関係のない部分です。整数型の変数しか扱えないものだとはいえ、様々な機能を備えた BASIC のインタープリタを 6KB に収めるだけでも驚異的な仕事だと思われますが、さらにその一部を余らせて、独立したプログラムを3本も加えているのですから、驚きを通り越して唖然とさせられるばかりです。

　Microsoft 製の 10K BASIC も、かなり高度なテクニックを駆使して書かれたものであることは間違いないはずですが、中身は完全なブラックボックスとなっています。もちろん、逆アセンブラーを使って解析するのも、それなりに興味深いものですが、それは本書のカバー範囲を超えます。6K BASIC の ROM の中身も、非常に残念ながら BASIC の言語インタープリタ部分のソースコードについては、未だに非開示のままとなっています。しかし、その ROM の中に収められた3本の付加プログラムは、完全なソースコードがリファレンスマニュアルに開示されているのです。そのコードのほとんどは、ウォズニアクの手によって書かれたものであり、これだけでも非常に貴重な資料となっています。モニター ROM のソースコードと並んで、現存する最高レベルの 6502 アセンブリ言語プログラミングのお手本と言えるでしょう。

　6K BASIC の ROM に含まれていて、初期のリファレンスマニュアル（赤本）にソースコードが開示されている3本のプログラムは、以下のものです。

　　・ミニアセンブラー
　　・浮動小数点演算ルーチン
　　・仮想 16 ビット CPU インタープリター Sweet 16

　ミニアセンブラーは、その名の通り、シンプルなアセンブラー機能を提供する独立したアプリケーションです。Apple II 上でのちょっとした実験のために、使い

捨てのプログラムを書く必要がある場合など、非常に役立つ存在です。このプログラムだけ、ウォズと並んで、最初期の Apple 社員、Allen Baum の名前が作者としてクレジットされています。バウムの名前は、やはりウォズと並んで、モニターROM の作者としても記録されています。

　浮動小数点演算ルーチンは、整数 BASIC から呼び出して使うことも可能な、浮動小数点数の演算プログラムです。これと Programmer's Aid #1 の高解像度グラフィック機能を加えれば、6K BASIC で 10K BASIC に迫る機能を実現できることになります。作者としてクレジットされているのは、ウォズだけです。

　Sweet 16 というしゃれた名前が付けられたプログラムは、ウォズが考えた仮想16 ビット CPU の機械語プログラムの実行ルーチンです。仮想 CPU の機械語命令も定義されています。これは、6K BASIC の中で 16 ビットの演算を効率的に実行するために作ったものを、単独でも使えるようにソースコードを開示したものです。したがって、これについては、実は BASIC と関係がないとは言い切れない部分です。16 ビット演算のために、仮想 CPU を作ってしまうというのは、ちょっと回りくどい方法のようにも思えますが、そうすることが最も効率的だとウォズが判断したからこそ選んだ手法なのでしょう。ちょっと常人には思いつかない超越的な方法にも思えます。蛇足ながら、このプログラムの名前は、ロックンロールの神様と言われる Chuck Berry の代表作の 1 つ、「Sweet Little Sixteen」をもじったものと考えて間違いないでしょう。

　以下、それぞれのプログラムについて、もう少し詳しく見ていきましょう。

●ミニアセンブラー

　ミニアセンブラーは、1 行ずつソースコード入力して、その場で次々と機械語コードに変換していくプログラムです。ソースコードをファイルから読み込んだり、逆にファイルに書き出したりする機能は持っていないので、コードは使い捨てが基本です。ただし、このプログラムによって生成した機械語プログラムのオブジェクトを、アドレス範囲を指定してカセットテープに保存することは、モニターの機能を使えば可能です。

　こんなミニマムな機能のアセンブラーが役に立つのかと思われるかもしれませんが、実際には大いに役に立ちます。6502 と言えども、すべての機械語コードを覚えるのは一苦労ですし、いったん憶えたとしても、毎日使っていないと、使用頻度の低いものからどんどん忘れていくものです。また相対ジャンプなどの際のアドレ

スのオフセットを計算するのは、単なる引き算だとは言え、それなりに面倒で、間違いも起きやすいものです。それはおそらく、天才ウォズと言えども同じだったのではないでしょうか。だからこそ、このようなプログラムを作ったものと思われます。１行を入力するたびに完結する最小限のアセンブラーですが、ニーモニックと機械語コードの対応表を見ながらハンドアセンブルして直接コードを入力するのと比べれば、プログラミングの効率には雲泥の差があるのです。

　ミニアセンブラーのプログラムコードは、6K BASIC の領域（$E000 ～ $F7FF）のうち、かなり後半の $F500 ～ $F63C に位置しています。大きさは、317 バイトしかありません。そんなサイズで、ミニと言えどもアセンブラーが書けるのか、という疑問はもっともです。実際に書けているのですが、それにはちょっとだけ秘密があります。それは 6502 のアセンブリ言語のニーモニックとコードの対応表は、この 317 バイトには含んでいないのです。後で述べるように、Apple II の 2KB しかないモニター ROM の中には、実は逆アセンブラーが含まれています。それは、機械語プログラムを 6502 のアセンブリ言語で表示するために、コードとニーモニックに対応表も含んでいます。このミニアセンブラーも、当然といえば当然ですが、それを利用しているのです。つまりミニアセンブラーの全プログラムサイズは 317 バイトであると言い切ると、ちょっとだけフェアではないのですが、そうだとしても簡単な１行のエディタを含むユーザーインターフェースを持ったアセンブラーが、このサイズでできていることは驚異以外の何ものでもありません。

　このミニアセンブラーのエントリーポイントは、実は上のコード範囲にはない $F666 という憶えやすいアドレスになっています。この印象的なアドレスをモニターコマンドに打ち込んでプログラムカウンターを飛ばせば、いつでもミニアセンブラーが利用できたのです。この $F666 というアドレスに書かれたコードは、単に $F592 にジャンプするというものです。つまり、最初から $F592 に飛ばしても良いのですが、そのアドレスは $F666 ほど印象的なものではないので、忘れたり、間違えたりする可能性が高くなります。やはりウォズと言えども、エントリーポイントのアドレスは憶えやすいものにしたかったのでしょう。このジャンプコードの３バイトを入れると、プログラムサイズはちょうど 320 バイトになります。

　実際のミニアセンブラーの使用例については、次の章で、一般的なモニターコマンドの使い方の例とともに、簡単な例を示すことにします。

●浮動小数点演算ルーチン

「浮動小数点演算ルーチン（FLOATING POINT ROUTINES）」は、ソースコードに記載された正式な名前ですが、時として、「浮動小数点パッケージ」と呼ばれることもあります。この浮動小数点ルーチンで扱う浮動小数点数のフォーマットは、仮数部3バイト（符号を含んで24ビット）、指数部1バイト（符号を含んで8ビット）の独自のものです。機能としては、浮動小数点数同士の四則演算（加減乗除）の他、整数値の浮動小数点数への変換、浮動小数点数の正規化処理など、基本的な機能が揃っていて、実用性も十分です。

このプログラムの置かれているアドレスは、2つの領域に分かれていて、前半が$F425 ～ $F4FB（215バイト）、後半が$F63D ～ $F65D（31バイト）の合計246バイトです。これも驚異的な省スペースプログラムと言えるでしょう。

●仮想16ビットCPUインタープリターSweet 16

Sweet 16は、上の浮動小数点数パッケージと異なり、単なる16ビット演算ルーチンではありません。あくまでも、仮想16ビットCPUのコードのインタープリターなのです。なので、これを利用する際には、その仮想CPUのインストラクション、つまり機械語コードをメモリ上に並べて用意し、そのコードを実行させることになります。すでに述べたように、これはいわば6K BASICの内部ルーチンとして開発したものを、ソースコードとして開示することで、ユーザーが他の用途にも使えるようにしたものです。とはいえ、これを使いこなすようなプログラムを書いた人が、ウォズ以外にどれだけいたのかについては疑問です。

ウォズ自ら執筆し、1977年米BYTE誌の5月号に掲載された「The Apple-II System Description」という記事の中で、このSweet 16にも簡単に触れています。そして、おそらくそれを読んだ人から、もっと詳しい話を、というリクエストがあったものと思われますが、同誌の1977年の11月号に、「SWEET16: The 6502 Dream Machine」というタイトルで、Sweet 16だけについて9ページにも及ぶ記事を、やはりウォズ自身が執筆、掲載しています。それらによると、6K BASICを書いているときに、16ビット演算（特にポインター演算）のコードが多くのスペースを使ってしまうことに悩んでいて、それを解決するために仮想16ビットCPUのインタープリタを作ったということのようです。ただし、この仮想16ビットCPUによる実行は、6502のネイティブコードに比べて10倍ほど遅くなるということで、

実行速度がさほど重要ではなく、それよりもプログラムコード量を減らしたい場所でだけ使ったということが記述されています。それによって、6K BASIC のコードを 1KB ほど減らすことができたとも書かれています。ここまでに述べたように、6K BASIC の ROM 領域には、ミニアセンブラーや浮動小数点数パッケージもあるので、実際のサイズは 5KB 強ということになるでしょう。そのうち 1KB と言えば、20％ 近くも減らしたことになります。その効果は絶大だったことになります。考えようによっては、そのおかげでミニアセンブラーや浮動小数点数パッケージを入れるスペースができたとも考えられるでしょう。

　Sweet 16 には R0 ～ R15 まで、16 本の 16 ビットレジスターがあります。番号の付いたレジスターが 16 本あるというのは、なんだか 68000 を思い起こさせますが、Sweet 16 が作られたのは、68000 が登場するより 2 年ほど前のことです。68000 の方は 16 本のレジスターがすべて 32 ビットであるという点も違います。Sweet 16 の 16 本のレジスターのうち R0 はアキュムレーター、R15 はプログラムカウンター、R14 はステータスレジスター、R13 は比較演算の結果が入るものと定められています。残りの R1 ～ R12 までの 12 本が、汎用のレジスターということになります。オペコードは大きく 2 つのグループに分かれます。まず上位ニブルが $0 の $00 ～ $0F は、レジスターに関係のない制御命令ですが、そのうち $0D、$0E、$0F の 3 つは未定義となっているので、実際にはこのグループには 13 種類の命令があります。もう 1 つのグループは、上位ニブルが $1 ～ $F の 15 通りで、レジスターの番号を n としたとき、$1n ～ $Fn というオペコードで表されるものです。これらは、すべて、n で指定したレジスターが絡む命令です。それらの多くは、指定したレジスターとアキュムレーター間での演算を含み、一般のレジスターとアキュムレーター間でやり取りする命令です。単純に考えれば 15 × 16 で、240 通りの命令があることになりますが、アキュムレーターも、n が 0 のときの Rn なので、240 通りすべての命令に意味があるとは限りません。インストラクションセットの一覧を表に示します（図 4 ）。

　これらをざっと見ると、条件ブランチ命令の種類がかなり多いことに気付きます。しかし、演算命令については、やはりアドレス計算に特化したものと考えられます。16 ビット演算と言っても、加算や減算だけで、乗算や除算はありません。

図4:Sweet 16インストラクションセット一覧

命令コード	命令長	ニーモニック	機能
00	1	RTN	Return to 6502 mode
01	2	BR ea	Branch always
02	2	BNC ea	Branch no carry
03	2	BC ea	Branch on carry
04	2	BP ea	Branch on positive
05	2	BN ea	Branch on negative
06	2	BZ ea	Branch if equal
07	2	BNZ ea	Branch not equal
08	2	BM1 ea	Branch on negative 1
09	2	BMN1 ea	Branch not negative 1
0A	1	BK ea	Break to monitor
0B	1	RS	Return from Subroutine
0C	1	BS ea	Branch to Subroutine
0D	1		Unassigned
0E	1		Unassigned
0F	1		Unassigned
1n	3	SET Rn	Rn ← 2 byte constant (Load register immediate)
2n	1	LD Rn	Acc ← Rn
3n	1	ST Rn	Acc → Rn
4n	1	LD @Rn	Acc ← @Rn, R ← R + 1
5n	1	ST @Rn	Acc → @Rn, R ← R + 1
6n	1	LDD @Rn	Acc ← @Rn double
7n	1	STD @Rn	Acc → @Rn double
8n	1	POP @Rn	Rn ← Rn - 1, Acc ← @Rn (pop)
9n	1	STP @Rn	Rn ← Rn - 1, Acc → @Rn
An	1	ADD Rn	Acc ← Acc + Rn
Bn	1	Sub Rn	Acc ← Acc - Rn
Cn	1	POPD @Rn	Acc ← @Rn double (pop)
Dn	1	CPR Rn	Compare Acc to Rn
En	1	INR Rn	Rn ← Rn + 1
Fn	1	DCR Rn	Rn ← Rn - 1

　Sweet 16のプログラムが占めるアドレスは、$F689 〜 $F7FC の372バイトです。これは最後の3バイトを除くと、6K BASIC の ROM 領域の最後の部分です。とすると気になるのが、その最後の3バイトに何が入っていたのかということでしょう。そこを見てみると、3バイトの値は $F6、$FF、$FF となっています。これが3バイトとも $FF なら、空きだと納得することができますが、そうではないので謎を呼びます。$F6 というのは6502のコードとしては、X レジスターでインデックスしたゼロページの値の INC 命令ですが、それがここで意味があるとは思えませんし、無理にそう考えたとしても、最後の $FF が余ってしまいます。何しろウォズの作品だけに、この部分が何を意味しているのか、気になるところです。

6-3 超高密度モニターROMの中身

●モニターROMの利用マップ

　ここからは、いよいよこの章の本題、モニター ROM の話に入っていきます。す
でに述べたように、初期の Apple II には、整数BASIC とペアになったオリジナル
のモニター ROM と、「AppleSoft BASIC」とも呼ばれることのある 10K BASIC と
ペアになったオートスタート ROM の、大きく2種類があります。本書ではこれ以
降、基本的にオリジナルのモニター ROM について見ていくことにします。オート
スタート ROM は、自分で機械語プログラミングをしない、一般的なユーザーが使
う分には便利ですが、機械語コードのステップ実行やトレース実行機能のあるオリ
ジナルの方が、内容としては濃いものを持っているからです。このオリジナルモニ
ター ROM の中身は、これまでに地球上で開発されたソフトウェアとして、最も密
度が濃いものの1つだと言っても過言ではないと、私は考えています。

　モニター ROM の持つ重要な機能は、大きく2つに分かれます。1つは、ユーザー
のアプリケーションプログラムに、基本的な入出力機能を提供すること。もう1つ
は、ユーザーが使うもっとも基本的なユーザーインターフェース、つまりモニター
コマンドを処理する機能です。このモニターコマンドを処理する機能は、当然なが
ら前者の入出力機能を使っているので、正確に言えば、前者は、ユーザーのアプリ
ケーションだけでなく、モニター ROM 自身の他の部分にも機能を提供しているこ
とになります。

　前者の入出力機能は、単にキーボードから文字を入力したり、画面の文字を表示
したりするだけではありません。拡張スロットを利用して入出力機能を拡張した場
合には、そうした拡張された入出力機能も、モニターを通して、標準的な入出力機
能と同様に扱うことができるようにしています。いわば入出力のリダイレクション
機能も、実はモニター ROM が担っているのです。

　一方、モニターコマンドを処理する機能には、メモリ内容の表示、メモリ内容の
変更といった単純なものに加えて、逆アセンブラー、機械語プログラムのステップ
実行、カセットテープのプログラムやデータの書き出し、読み込み機能、Apple II
ハードウェアの初期化、といった機能も含まれています。このような機能が、2KB

のモニター ROM のどのあたりに配置されているのか、ざっと確認しておきましょう（図5）。

図5:モニターROM内のプログラムの配置

アドレス範囲	用途
$F800 ～ $F881	Lo-Resグラフィック処理
$F882 ～ $F961	逆アセンブラー
$F962 ～ $FA42	逆アセンブラー用データ
$FA43 ～ $FA85	ステップ実行
$FA86 ～ $FB1D	IRQ処理
$FB1E ～ $FB2E	パドル読み込み
$FB2F ～ $FB5F	Apple][初期化
$FB60 ～ $FB80	16ビット掛け算実行
$FB81 ～ $FBC0	16ビット割り算実行
$FBC1 ～ $FBD8	ベースアドレス計算
$FBD9 ～ $FBEF	ベルを鳴らす
$FBF0 ～ $FCA7	画面のカーソル移動とスクロール処理
$FCA8 ～ $FCE4	時間待ち
$FCE5 ～ $FD0B	テープ出力
$FD0C ～ $FD91	キー入力、文字列入力
$FD92 ～ $FEFC	モニターコマンド処理
$FEFD ～ $FF3E	テープ入力
$FF3F ～ $FF49	全レジスターの回復
$FF4A ～ $FF58	全レジスターの保存
$FF59 ～ $FF64	リセット処理
$FF65 ～ $FFCB	モニター起動、コマンド処理
$FFCC ～ $FFE2	モニターコマンド文字テーブル
$FFE3 ～ $FFFF	アドレステーブル、ベクトル

　この表の区切りは、もちろん本当の概略で、実際にはこのように機能別にプログラム領域がキッチリと分かれているわけではありません。また、モニター ROM の機能には大小様々なものがあるだけでなく、それらが互いに入り組んでいるのが普通です。機械語プログラムの場合、実行効率と省スペースを両立させようとすれば、そうなるのはむしろ当たり前で、モニター ROM はその最たるものなのです。ソースコードが開示されているとはいえ、ウォズとしては、ここで読みやすいプログラムを書こうとは、これっぽっちも思っていないはずです。

　たとえば、この表の中には、非常に重要なルーチンである1文字出力が含まれていません。そのルーチンは、「COUT」というラベルが付けられていて、アドレスは $FDED から始まっています。上の表を見ると、その領域は「モニターコマンド処理」の中に含まれていることになっています。実際に、この1文字出力ルーチンの前後は、モニターコマンドを処理するためのプログラムなのです。モニターコマンド処理では、当然ながら頻繁に画面出力があるため、ここに置くのが最も効率的

だという判断があったのでしょう。この1文字出力のように、非常に重要なルーチンについては、この後で、具体的に取り上げて解説します。その際は、いちおうアドレス順に並べますが、機能別に区切って取り上げるので、この上の表のような領域による分類とは、また異なった様相が見えてくるはずです。

●モニターROMによるゼロページ利用マップ

実際のモニターROMのルーチンの中身に入る前に、それを理解する上で非常に重要な情報を確認しておきましょう。それは、6502のゼロページをモニターROMがどのように利用しているか、ということです。6502の解説でも述べましたが、ゼロページは、6502にとっても、そしてApple IIというシステムにとっても非常に重要な領域です。6502にとっては、強力なアドレッシングモードによって、普通のCPUの感覚からすれば、まるでレジスターのような自由度で扱うことができます。それが256バイトもあるわけなので、Apple IIのファームウェアとしては、そこを一種のシステム変数とみなして、特定の情報を常に保持しておきたいと考えるのも当然でしょう。Apple IIのリファレンスマニュアルによれば、モニターROMは、そのうち$20 ～ $49と、$50 ～ $55の領域を使うということになっています。実際には、モニター関係で、この範囲以外の領域も使うものがありますが、それも含めてアドレスとモニターROMプログラムで使っているラベル、用途を一覧表に示しておきましょう（図6）。

図6:モニターROMが使うゼロページアドレス一覧

アドレス	ラベル	用途
$00	LOC0	Autostart ROMが、ディスクブートの際に利用する
$01	LOC1	拡張カードのディスクコントローラーのアドレスが入る
$20	WNDLFT	スクロールウィンドウの左端の桁位置を表す
$21	WNDWDTH	スクロールウィンドウの幅の桁数を表す
$22	WNDTOP	スクロールウィンドウの上端の行位置を表す
$23	WNDBTM	スクロールウィンドウの下端の行位置を表す
$24	CH	次の文字を画面に表示する水平位置をWNDLFTからの桁数で表す
$25	CV	次の文字を画面に表示する垂直位置を画面上端からの行数で表す
$26	GBASL	Lo-Resグラフィックをプロットする際の左端の点のアドレスを表す
$27	GBASH	
$28	BASL	スクロールウィンドウ内の現在のテキストラインの左端のアドレスを表す
$29	BASH	
$2A	BAS2L	スクロール動作中に、個々のラインの内容を転送する先のアドレスを
$2B	BAS2H	表すラインポインターとして一時的に利用される
$2C	H2	Lo-Resグラフィックの水平線の右端の点の位置を桁数で表す
	LMNEM	逆アセンブラーでニーモニックテーブルのインデックスの下位8ビットを表す
	RTNL	古いモニターの命令トレース機能の保存エリアとして使われる

アドレス	ラベル	用途
$2D	V2	Lo-Resグラフィックの垂直線の下端の点の位置を行数で表す
	RMNEM	逆アセンブラーでニーモニックテーブルのインデックスの上位8ビットを表す
	RTNH	古いモニターの命令トレース機能の保存エリアとして使われる
$2E	MASK	Lo-Resグラフィックのプロットが上位ニブルなのか下位ニブルなのかを示す
	FORMAT	逆アセンブラーが、命令のフォーマットを一時的に記憶するために利用する
	CHKSUM	テープからメモリに読み込む際のチェックサムを記憶する
$2F	LASTIN	テープ読み込みで、最新の読み込みを検知するために利用する
	LENGTH	逆アセンブラーが命令の長さを一時的に記憶するために利用する
	SIGN	古いモニターの16ビット掛け算・割り算ルーチンで、符号を表すために利用する
$30	COLOR	Lo-Resグラフィックで次にプロットされるドットのカラーコードが入る
$31	MODE	ユーザーが入力したモニターコマンドの解析に際のモードを表す
$32	INVFLG	1文字出力ルーチン（COUT1）が出力する文字の表示マスクを設定する 通常の黒地に白文字は$FF、反転（白地に黒文字）は$3F、点滅は$7Fを設定する
$33	PROMPT	モニターの1行入力ルーチン（GETLN）が行頭に出力するプロンプト文字を表す
$34	YSAV	モニターコマンドの解析時にYレジスターの値を保存しておくために使用する
$35	YSAV1	画面に文字を出力する（COUT1）際にYレジスターの値を保存しておくために使用する
$36	CSWL	1文字出力ルーチンをリダイレクトするアドレスが入る 初期状態（リセット後）ではCOUT1を指している
$37	CSWH	モニターのn+CTRL-Pコマンドによって、#$Cn00が入る
$38	KSWL	1文字入力ルーチンをリダイレクトするアドレスが入る 初期状態（リセット後）ではKEYINを指している
$39	KSWH	モニターのn+CTRL-Kコマンドによって、#$Cn00が入る
$3A	PCL	6502のPCを保存するための領域として使用される
$3B	PCH	ミニアセンブラーは、次の命令をストアするアドレスとして利用する
$3C	XQT	ここから8バイトは、古いモニターのステップ・トレース実行のための ワークエリアとして利用される
$3C	A1L	
$3D	A1H	
$3E	A2L	
$3F	A2H	
$40	A3L	
$41	A3H	モニターのワークエリアとして多目的に利用される
$42	A4L	
$43	A4H	
$44	A5L	
$45	A5H	
$45	ACC	
$46	XREG	
$47	YREG	モニターのSAVE／RESTOREルーチンによって、6502のレジスターを保存したり、
$48	STATUS	そこから復帰させるための記憶エリアとして利用される
$49	SPNT	
$4A	未使用	
$4B	未使用	
$4C	未使用	
$4D	未使用	
$4E	RNDL	簡易に擬似的な16ビットの乱数として利用される
$4F	RNDH	この値は1文字入力（KEYIN）ルーチンの実行時にインクリメントされ続ける
$50	ACL	
$51	ACH	
$52	XTNDL	古いモニターの16ビット掛け算・割り算ルーチンによって作業用に利用される
$53	XTNDH	モニター自身は、それらのルーチンを使っていない
$54	AUXL	
$55	AUXH	

　これは、常に頭に入れておくべきものというわけでもありませんが、少なくとも各ラベルがどのような意味を持っているかを憶えておけば、モニター ROM のソースコードを読む際に、理解しやすいことは間違いありません。また、ユーザーが独自のアプリケーションを作成する際に、モニター ROM の基本的な入出力ルーチンが、どのような情報をゼロページに格納しているのかを知っておけば、それを読み取って、アプリケーションの動作を調整したり、場合によっては、ゼロページの値を書き換えることで、モニターの動作をカスタマイズしたりすることも可能になります。たとえば、モニターの 1 文字出力ルーチンが、次に画面に文字を表示する位置、つまりカーソル位置は、水平方向が \$24（CH）、垂直方向が \$25（CV）に入っています。それらの値を読み取ることで、現在の文字の表示位置を調べたり、書き換えることで画面の任意の位置に文字を表示できるようになります。つまり、次に文字を表示する位置の座標を指定する API などは用意されていないものの、直接ゼロページの該当する値を変更することで、簡単に実現できるわけです。

　Apple II のファームウェアやシステムプログラムの中で、ゼロページを使うのは、もちろんモニターだけではありません。6K BASIC も、10K BASIC も、先に説明した付加的なファームウェアも使います。このうち、ソースコードが開示されているモニターや一部のファームウェアについては、それを読むことで、どんな目的でどのようにゼロページを使っているのか理解することができます。しかし、ソースが開示されていない 6K BASIC や 10K BASIC のインタープリタが、実際にどのようにゼロページを使っているのかは分かりません。もちろん、リバースエンジニアリングによって解析することも不可能ではありませんが、そのためだけに、そうするのは割に合わないというものでしょう。BASIC のインタープリタが、ゼロページのどこを使っているか、という情報だけなら、Apple II のリファレンスマニュアルに開示されています。ユーザーのプログラムでは、そこを避けて使うようにするのが賢明でしょう。

　モニターのように、どこをどのように使っているのかがソースコードから判明する場合は、単にそこを避けるだけでなく、モニターの動きに何らかの意味で関与するため、あえて使うということも可能です。しかし BASIC のように、どこを使っているかだけは分かっても、どのように使っているかが分からなければ、その値は壊さないようにしなければなりません。とはいえ、ユーザーのプログラムと、BASIC などのシステムプログラムが共存して、頻繁に行き来したり、やりとりしながら動作するのでなければ、極端な話、ユーザーのプログラムが、ゼロページのすべてを自由に使っても構わないのです。ただし、その場合は、ユーザーのプログ

ラムを終了してシステムプログラムに戻る際に、すべて初期化してから再スタートという形にする必要があるでしょう。

　フロッピーディスクが普及した後は、当然ながらユーザーのプログラムもフロッピーディスクから読み込んで起動したり、起動後にデータを読み書きするためにApple製のDOSを使うのも普通になりました。DOSもまたゼロページを使うので、なんらかの形でDOSに依存して動作するプログラムは、DOSが使うゼロページの領域は保全する必要があります。さもないと、最悪の場合、次にDOSが動いたときに誤動作して、大事なプログラムやデータをフロッピーディスク上から削除してしまったり、フロッピーディスク自体を読めなくしてしまったりすることも考えられるからです。

　それもあって、リファレンスマニュアルには、モニター、6K BASIC、10K BASIC、そしてDOSが利用するゼロページの領域が開示されています。それら4種のプログラムの使う領域をまとめて1つの表にしてみたものを示します（図7）。

図7:モニター、6K BASIC、10K BASIC、DOSが利用するゼロページの領域

上位 \ 下位	$00	$01	$02	$03	$04	$05	$06	$07	$08	$09	$0A	$0B	$0C	$0D	$0E	$0F
$00	A	A	A	A	A	A					A	A	A	A	A	A
$10	A	A	A	A	A	A	A	A	A							
$20	M	M	M	M	M	M	MD	MD	M	M	MD	MD	MD	MD	MD	MD
$30	M	M	M	M	MD	MD	MD	MD	MD	MD	M	M	M	M	MD	MD
$40	MD	MD	MD	MD	MD	MD	MD	MD	MD	M	ID	ID	ID	ID		
$50	MA	MA	MA	MA	MA	MIA	IA	IA	IA	IA	IA	IA	IA	IA	IA	IA
$60	IA	IA	IA	IA	IA	IA	IA	IAD	IAD	IAD	IAD	IA	IA	IA	IA	IAD
$70	IAD	IA	IA	IA	IA	IA	IA	IA	IA	IA	IA	IA	IA	IA	IA	IA
$80	IA	IA	IA	IA	IA	IA	IA	IA	IA	IA	IA	IA	IA	IA	IA	IA
$90	IA	IA	IA	IA	IA	IA	IA	IA	IA	IA	IA	IA	IA	IA	IA	IA
$A0	IA	IA	IA	IA	IA	IA	IA	IA	IA	IA	IA	IA	IA	IA	IA	IAD
$B0	IAD	IA	IA	IA	IA	IA	IA	IA	IA	IA	IA	IA	IA	IA	IA	IA
$C0	IA	IA	IA	IA	IA		IA	IA	IAD	IAD	IAD	IAD	I	I		
$D0	IA	IA	IA	IA	IA	I	I	IAD		IA	IA	IA	IA	IA		
$E0	A	A	A	A	A	A	A	A	A	A	A					
$F0	A	A	A	A	A	A	A	A	A							

　この表で、「M」はモニター、「I」は6K BASIC、「A」は10K BASIC、「D」はDOSが使う領域です。重なっている領域は、もちろんそれを承知で使っているのでしょう。ざっと見ると、Appleとしては、$00～1Fの32バイトと、$E0～$FFの32バイト、合計64バイトは、ユーザーのプログラムのために確保しておきたかったのではないかと想像できるような配置になっています。しかし、それらの領域も、Microsoft製の10K BASICは容赦なく使ってしまっています。もちろん、そ

の分だけ、10K BASIC の動作が効率的になってはいるのでしょうが、なんとなく美しくないと感じられる部分でもあります。Apple II のシステムの中で、どうしても 10K BASIC には、他とは異質な雰囲気がありますが、それは単に Micorosoft 社製だから、という先入観からだけではなく、こんなところにも要因があるような気がします。

●モニターROMのエントリーポイント

　ここからは、いよいよ具体的なモニター ROM のルーチンの中身を見ていきましょう。主なルーチンについて、アドレスの若い順に、モニター ROM のソースコードで使われているラベル名、アドレスを示し、中身についてできるだけ簡潔に説明します。ここに元のソースコードを掲載するわけにはいきませんが、少なくとも各ルーチンのエントリーポイント付近のコードを、モニター ROM を逆アセンブルした形で示します。

PLOT：$F800

　低解像度グラフィック画面に１つの点をプロットします。プロットする点の X 座標を Y レジスターに、Y 座標をアキュムレーターに入れてから呼び出します。色の値は、あらかじめゼロページの $30 に設定しておきます。アキュムレーターの値は変化して戻ります。

　このルーチンは、短くまとまっているので、サブルーチンコールの飛び先は除いて、全体を示しましょう（図8）。

図8:PLOTルーチン逆アセンブルリスト

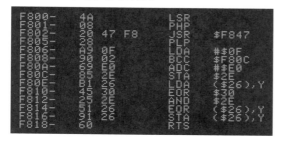

```
F800-   4A          LSR
F801-   08          PHP
F802-   20 47 F8    JSR     $F847
F805-   28          PLP
F806-   A9 0F       LDA     #$0F
F808-   90 02       BCC     $F80C
F80A-   69 E0       ADC     #$E0
F80C-   85 2E       STA     $2E
F80E-   B1 26       LDA     ($26),Y
F810-   45 30       EOR     $30
F812-   25 2E       AND     $2E
F814-   51 26       EOR     ($26),Y
F816-   91 26       STA     ($26),Y
F818-   60          RTS
```

　最初なので、少し細かく解説します。いきなり最初コードがLSR（右論理シフト）なので、ちょっととっつき難く感じるかもしれません。これはアキュムレーター

の値を右にシフトするものでした。つまりアキュムレーターの値を半分にしています。先に述べたように、アキュムレーターには低解像度グラフィック画面にプロットする位置のY座標の値が入っているはずです。低解像度グラフィックのビデオメモリでは、1バイトが縦に連なった2ドットを表していることを思い出せば、Y座標を半分にすると、画面の上端から何行目のバイトかということを求めていることが分かります。前の章で解説したように、低解像度グラフィックのビデオメモリは、大きく3つのブロックに分かれていて、座標から単純な掛け算や足し算で、簡単にビデオメモリのアドレスを計算できるわけではありませんでした。その計算は、後で出てくるサブルーチンによって処理します。

　次のコードは、もっととっつき難いかもしれないPHP（ステータスレジスターのプッシュ）です。これは6502にステータスレジスターの値をスタックにプッシュして、一時的に保存しておくためのものでした。ここで保存したいのは、前の命令で右にシフトしたときにアキュムレーターから飛び出してキャリーフラグに入ったはずの、元のアキュムレーターのLSBの値です。これは、1バイトが表す縦に並んだ2ドットのうちの上か下かを表すことになります。もちろん元のLSBが1でキャリーフラグが立てば、下のドットということになります。言い換えれば、Y座標が偶数か奇数かを表す値です。これは後で必要になるので、とりあえずスタックに保存しておくのです。

　続いて、アドレス$F847のサブルーチンをコールしています。このアドレスには、BASCALCというラベルが付いていて、点をプロットするために変更すべきビデオメモリのベースアドレスを計算するものです。ベースアドレスというのは、画面の各行の左端のアドレスです。実際のアドレスは、そのアドレスにX座標の値を足すだけで求めることができます。X方向は左端から連続するアドレスに並んでいるからです。このBASCALCサブルーチンの中身の解説は割愛しますが、この結果、ゼロページのGBASL（$26）とGBASH（$27）という連続する2バイトに、16ビットのベースアドレスが入ります。このことは、前節の図6を見ても確認できます。

　ベースアドレスが計算できたら、次は、PLP（ステータスレジスターのプル）命令によって、スタックに保存しておいたY座標が偶数か奇数かを表すビットをキャリーフラグに戻します。確認すると、Y座標が偶数ならキャリーフラグはクリア（0）され、奇数ならセット（1）されているわけです。次にLDA #$0Fによって、もしそれが偶数だった場合のマスクの値をアキュムレーターにロードします。2進数で書けば「00001111」となるので下位4ビットだけを残すマスクですね。それから、BCC命令によって2バイト先に分岐します。キャリーフラグを見てクリアだっ

た場合にのみ分岐するので、実際に分岐するのはY座標が偶数だった場合だけです。奇数だった場合は、この分岐は起こらないので、次のADC #$E0命令を実行します。これは奇数の場合に、マスクを$F0（11110000）にするものです。これはちょっと不思議な命令です。実行前のアキュムレーターの値は上でセットした$0Fで、キャリーフラグは立っているので、ADC命令では$0F+$E0+$01を計算することになり、確かに実行後のアキュムレーターの値は$F0になります。それなら、最初からLDA #$F0を実行しても良さそうなものです。どちらも、命令のバイト数は2、実行サイクル数も2で、プログラムのバイト数も実行速度も変わりません。唯一の違いは、ADC #$E0命令を実行すると、キャリーフラグがクリアされるのに、LDA #$F0ではセットされたままになります。ロード命令ではキャリーは変化しないからです。また、このルーチンのこの後の命令にもキャリーフラグを変化させるものはありません。つまり、ADC #$E0命令を使えば、キャリーフラグをクリアしてからこのルーチンから戻ることができます。LDA #$F0ではセットされたまま戻ります。キャリーフラグはクリアされているのが通常の状態なので、サブルーチンコールをした後、キャリーがセットされているというのは、何かすっきりしない感じがします。第4章で説明したように、6502にはキャリーフラグを含まない加算命令がないだけに、通常はクリアしておきたいところなのでなおさらです。このような細かいこだわりは、ウォズのプログラムの随所に現れています。

　さて、Y座標が奇数でも偶数でも、次に実行する命令は、STA $2Eです。これは、この場合にはMASKというラベルの付いたゼロページのアドレスです。今作った$F0か$0Fのいずれかの値を、そこに保存しておくのです。

　次の命令は、LDA ($26),Yとなっています。ゼロページに置いた2バイトのアドレスに、インデックスレジスターYの値を加えたアドレスの値をアキュムレーターに読み込む命令ですね。$26と$27は、サブルーチンBASCALCで計算したベースアドレスが入っているのでした。Yレジスターには目的のX座標が入っているので、この命令で、ビデオメモリのプロットしたい位置に最初からある値をアキュムレーターに読み込むことができます。低解像度グラフィックでは、2点を1バイトで表しているので、どちらから1点だけを変更する場合には、変更しない側の4ビットの値は元のままにしなければいけないからです。

　次の命令は、またちょっと意外なEOR $30です。$30には、あらかじめプロットしたい色の値が入れてあるのでした。先に単に色の値と書きましたが、ここはちょっと説明が必要です。低解像度グラフィックでは任意の点に対して16色のうちのいずれかを指定できるので、色の値は$0〜$Fの4ビットで表現できます。

$30 に入れておく色の値は、上位 4 ビットを全部 0 にして、下位 4 ビットだけで $0 〜 $F の値を表現するのではなく、上位と下位に同じ色の値を入れておくのです。たとえば、$9（オレンジ）という色を指定したければ、$99 という値を $30 に入れます。なぜそうする必要があるのかは、少し後で分かります。ユーザーのプログラムで色を指定する場合には、$00、$11、$22... $FF という 16 種類の値を設定するようにすれば良いのですが、モニター ROM には、わざわざ上位 4 ビットと下位 4 ビットに同じ値を設定する SETCOL（$F864）というルーチンも用意されています。このルーチンも、少し後で登場します。内容は、そちらで解説します。

　さて、色の値の秘密が分かったところで、PLOT ルーチンの説明に戻りましょう。EOR $30 では、ビデオメモリの目的のバイトから読み込んだ値と、その色の値の XOR を取っているのです。なぜ排他的論理和なのか、これだけではさっぱり意味が分からないでしょう。しかたないので続きを見ると、AND $2E となっています。これは、先に保存しておいたマスクの値（$0F か $F0 のいずれか）と AND を取る命令です。これで、目的のドットの座標が偶数なら下位 4 ビットのみが残って、上位 4 ビットは 0 にクリアされてしまいます。逆に奇数なら上位 4 ビットのみが残って、下位 4 ビットは 0 にクリアされます。これでは、目的の位置の元のバイトのプロットしない方のニブル（4 ビット）が 0 にクリアされ、真っ黒になってしまうように思えます。このままでは困ります。そこで次の命令を見ると、EOR ($26),Y となっていて、今度はプロット位置の元のバイトの値と XOR を取っています。こうすると、排他的論理和の性質から、アキュムレーターの 0 だったビットには、XOR を取ったプロット先のバイトの値がコピーされることになります。これで、下位であれ上位であれ、変更したくない方の 4 ビットの値は、元のビデオメモリの値がそのまま残ることが分かりました。それでは、プロットしたい方、つまり変更したい方の 4 ビットは、希望通りの値になるのでしょうか。もう一度見直してみましょう。

　まず、上の EOR $30 を実行した時点で、変更したい方の 4 ビットは、ビデオメモリに元からあった値と色の値の排他的論理和を取った値になります。この値自体には意味がありません。次の AND $2E では、変更したい方の 4 ビットに対応するマスクの値は 2 進数では 1111 になっているはずなので、アキュムレーターの値の変更したい方の 4 ビットの値は変化しません。しかし次の EOR ($26),Y を実行すると、元の値と色の値の XOR を取った値を、さらに元の値と XOR を取ることになり、残るのは色の値そのものということになります。これは、ちょっと分かりにくいかもしれませんが、同じ値同士の排他的論理和の結果はゼロになり、ゼロとある値の排他的論理は、そのある値そのものであることを思い出せば納得できるでしょ

う。排他的論理和では交換法則も結合法則も成り立つのです。

　これで、ビデオメモリの目的の位置にある1バイトの値のうち、変更したい方も、変更したくない方も、こんなに短いプログラムで思い通りの値に設定できることが分かりました。その秘密は、4ビットの色の値を、予め上位と下位の両方にセットしておくという前準備にあったのも事実です。しかも、色の値は4ビットなので、それを設定しておく際に上位4ビットを遊ばせておく手はないわけです。それを巧みに利用したからこそ、このように簡潔なプログラムで済ますことができたのです。排他的論理和を2度繰り返すあたりは、ちょっとしたマジックのようですが、データの形式を最適化することで、コードのバイト数の削減と実行速度の向上を実現する、ウォズの真骨頂と言えるようなテクニックでしょう。

HLINE：$F819

　低解像度グラフィック画面に水平線を引きます。水平線のY座標をアキュムレーターに、左端のX座標をYレジスターに、右端のX座標をゼロページの$2Cに入れてから呼び出します。PLOTと同様、色の値は、あらかじめゼロページの$30に設定しておきます。アキュムレーターとYレジスターの値は変化して戻りますが、Xレジスターの値は変化しません。

　このルーチンは、ごく一部ですが、後ろにあるVLINE（低解像度グラフィック画面に垂直線を引く）の部分を利用しているので、両方まとめて示します（図9）。

図9:HLINEとVLINEルーチンの逆アセンブルリスト

　このルーチンでは、すでに出てきた低解像度グラフィックへの1点プロットルーチン、PLOT（$F800）を繰り返し利用して横線を描いていきます。このルーチンを呼び出す際の条件としては、あらかじめ水平線の右端の座標をゼロページの$2Cに入れておくことが増えただけで、後はPLOTと同じであることがポイントです。なにしろこのルーチンの最初のコードは、JSR $F800となっていて、いきなり

PLOT を呼び出しているのです。これでまず左端の1点を描きます。

　次は CPY $2C で、Y レジスターの値と、ゼロページの $2C の値を比較しています。$2C には、水平線の右端の座標が入っているのでした。これは目的の水平線が描き終わったかどうかを調べているのです。そして Y レジスターの値が $2C の値と同じになると（Y>=$2C のとき）、それは水平線の右端に達したことになります。その場合、キャリーフラグがセットされるので、次の BCS $F831 で、$F831 にブランチします。その先には RTS があるだけなので、HLINE ルーチンを終了して戻ることになります。この $F831 の RTS 命令は、次のルーチン VLINE と共有していることになります。これで1バイト節約しています。

　まだ Y レジスターの値が $2C の値よりも小さいときには、INY で Y レジスターの値を1つ増やしてから、JSR $F80E で $F80E を呼び出しています。このアドレスは、先に見た PLOT ルーチンの途中のアドレスです。上のリストを見れば分かりますが、どのように途中かと言うと、プロットする位置のバイトをアキュムレーターに読み込むところからです。すでに HLINE の先頭で1回 PLOT を呼んであるので、ベースアドレスの計算も済み、プロットするドットの Y 座標が偶数か奇数かによってマスクを作って $2E に格納してあるため、ここからで良いのです。水平線の Y 座標はずっと同じなので、ベースアドレスもマスクもずっと同じです。

　$F80E を呼び出して次の1点をプロットしたら、BCC $F81C によって、HLINE ルーチンの2行目に戻ります。それは、CPY $2C によって Y レジスターに入っている X 座標が、水平線の目的の右端に達したかどうかを調べるところです。つまり、このループによって、左端から右端まで、1点ずつ水平線を描いていきます。

VLINE：$F828

　低解像度グラフィック画面に垂直線を描きます。垂直線の X 座標を Y に、上端の Y 座標をアキュムレーターに、下端の Y 座標を $2D に入れて呼び出します。PLOT や HLINE と同様、色の値は、あらかじめゼロページの $30 に設定しておきます。アキュムレーターの値は変化して戻ります。

　このルーチンのエントリーポイントは、このルーチン全体から見れば途中から始まることになります。$F828 にある最初の命令は PHA で、アキュムレーターの値をスタックに保存しています。次に $F800 の PLOT ルーチンを呼び出して、最初の1点を描きます。これも、レジスターの設定条件が PLOT と同じだからできることです。PLOT から返ってくると、PLA 命令を実行してアキュムレーターの値をスタックから取り出します。PLOT ルーチンではアキュムレーターの値が変化し

てしまうので、これで元のY座標の値に戻るわけです。

　元に戻したアキュムレーターの値は、次のCMP $2D で、ゼロページの $2D の値と比較します。$2D には垂直線の下端のY座標が入っているのでした。そして、まだ下端に達していない場合は、次のBCC $F826 で、VLINE のエントリーポイントの2バイト前に分岐します。下端に達した場合には、分岐せずに、最後のRTSでVLINE を終了して戻ります。このRTS命令は、先に述べたようにHLINE ルーチンと共用しているものです。

　まだ下端に達していない場合、分岐した $F826 にあるのは、ADC #$01 という命令です。これによって次に描く点のY座標を1つだけ増やします。つまり下方向に線を伸ばしていくことになります。その後は、VLINE のエントリーポイントから動作を繰り返します。垂直線を描く場合には、1点描くたびに、毎回 $F800 の PLOT を呼び出しています。これは垂直線なだけに、毎回ベースアドレスも変化し、Y座標の偶数/奇数も変化するので、やむを得ないところです。これは、水平線より垂直線を描く方が、何倍も時間がかかることを意味します。

CLRSCR：$F832

　低解像度グラフィック画面全体をクリアします。アキュムレーターとYの値は変化します。画面表示がテキストモードになっている際に、このルーチンを呼び出すと、全画面が反転した「@」になります。

　このルーチンは、まずLDY #$2F によってYレジスターに #$2F（10進数では47）をロードしてから、次のCLRTOP ルーチンの2行目、CLRSC2（$F838）にBNE 命令で分岐しています。つまり、クリアする領域の高さが違うだけで、その後の処理はCLRTOP と同じということになります。というわけでとりあえず、CLRSCR と CLRTOP を合わせた領域のコードを確認しておきましょう（図10）。

図10:CLRSCRとCLRTOPルーチンの逆アセンブルリスト

```
F832-   A0 2F      LDY   #$2F
F834-   D0 02      BNE   $F838
F836-   A0 27      LDY   #$27
F838-   84 2D      STY   $2D
F83A-   A0 27      LDY   #$27
F83C-   A9 00      LDA   #$00
F83E-   85 30      STA   $30
F840-   20 28 F8   JSR   $F828
F843-   88         DEY
F844-   10 F6      BPL   $F83C
F846-   60         RTS
```

　この後の動作は、次のCLRTOP とまとめて解説しましょう。

CLRTOP：$F836

　ミックス表示状態の低解像度グラフィック画面をクリアします。つまり、上から
アキュムレーターとYの値は変化して戻ります。

　このルーチンが、上のCLRSCRと違うのは、最初にYレジスターに #$2F ではなく、#$27（10進数では39）をロードすることです。これは、CLRSCR は48回繰り返すのに対して、この CLRTOP は40回繰り返すことを意味しています。48というのは、テキストの1行を縦に2分割した低解像度グラフィックの画面全体の行数です。それに対して40というのは、低解像度グラフィックとテキストのミックスモードの場合の、グラフィック部分の行数です。ミックスモードの場合は、下に4行のテキスト（低解像度グラフィックにすれば8行分）が入るのでした。

　CLRSCRを呼んだ場合に、Yレジスターに #$2F をロードしてから分岐してくる $F838 では、まず STY $2D で、その Y レジスターの値をゼロページの $2D にストアしています。これは垂直線を描く場合の下端の座標でした。次に Y レジスターに #$27 をロードしていますが、この10進数で39という数字は行数ではなく、垂直線を描く際のX座標です。つまり画面の右端から始めるわけです。次に LDA #$00 でアキュムレーターに #$00 をロードしてから、その値を STA $30 でゼロページの $30 にストアしています。これは、低解像度グラフィックにプロットする際の色の値でした。0は黒を表します。つまり、黒によって塗りつぶすことでクリアするわけです。

　塗りつぶす色がセットできたら、JSR $F828 で、VLINE、つまり直線を描くルーチンを呼び出しています。ここまでの説明でお気づきかと思いますが、画面のクリアは、直線を連続的に描くことで画面全体を塗りつぶしているのです。この場合、アキュムレーターには色をセットしたときの0が入ったままなので、垂直線の上端は画面の最上行ということになります。ここでも、色の設定と座標の設定に同じレジスターを使って2バイトほど節約しています。

　1本の縦線を描いたら、DEYによってYレジスターの値を1だけ減らしています。そして、その値がプラスであれば、BPL $F83C によって、アキュムレーターに #$00 をロードするところに戻って繰り返します。繰り返しの中では STA $30 は必要ないのですが、コード量を節約する観点からは、この方が有利でしょう。またコラムに書いた理由によって、時間はかかっても良いのです。

　こうしてYレジスターの値を減らしながら繰り返して、その値が0より小さくなったら、画面の右端から左端まで垂直線を描き終わったことになるので、処理は終了です。RTSによって、このルーチンから戻ります。

ファームウェアとして世界初のビジュアル・エフェクトを実装した画面クリアルーチン

　CLRSCRとCLRTOPの解説を読んで、何か疑問に思うところはないでしょうか。普通に考えれば、大きな疑問が浮かぶはずです。それはなぜウォズは、画面のクリアにHLINEではなくVLINEを使ったのか、ということです。VLINEの説明でも書いたように、VLINEでは1ドットを打つごとにベースアドレスを計算し直す必要があるので、かなり時間のかかる処理になっています。たとえば、CLRSCRなら、1本の縦線を描くだけで48回のベースアドレス計算が必要で、それを横方向に1ドットずらして40回繰り返すので、合計1920回もベースアドレスを計算しなければなりません。これは、人間の目で見ても分かる程度の時間を要します。もしCLRSCRとCLRTOPを、HLINEを使って実装すれば、ベースアドレスの計算はCLRSCRでも48回で済むので、VLINEを使うより何十倍も速くなるはずです。

　他の部分では、1サイクルでも速い方法を選ぶウォズが、どうしてここではこんなに遅い方法を選んだのでしょうか。いくらなんでも、ウォズがうっかりこんなに遅い方法を選ぶはずがありません。もちろん、わざとそうしているのです。実はこれは、一種のビジュアル・エフェクト（トランジション効果）なのです。実際にCLRSCRやCLRTOPを呼び出してみると、まばたきをしてない限り、画面の右端から左端に向かって画面がクリアされるのを動画のように見ることができます。これは一種の「ワイプ」の効果です。

　考えてみれば、低解像度グラフィックの画面クリアを使うのは、プログラムの開始時や、画面の切替時など、なんらかの区切りの機会だけです。その際は、クリアの速さを追求する必要はありません。むしろ、ある程度時間がかかったほうがいいとさえ言えます。区切りであることを示すためにも、ビジュアル・エフェクトは文字通り非常に効果的です。もし、何らかの理由で本当に高速にクリアしたければ、HLINEを使ったルーチンを自分で作るなり、ビデオメモリの範囲に強制的にゼロを書き込むなど、他にいくらでもやりようがあります。ここではあえて遅い方法を選んでいるのです。

　思い出してみれば、高解像グラフィックも、ブラインドが開く（あるいは閉じる）ような効果で画面のクリアが起こります。これはビデオメモリのアドレスの配置による効果で、ビデオメモリの値を小さい方から大きい方に向かって（あるいはその逆に）クリアしていくと、自動的にそうなるのです。これはある意味ハードウェアによるビジュアル・エフェクトと言うこともできます。

　CLRSCRとCLRTOPによるワイプ効果は、パソコンのファームウェアとして実装された、世界初のビジュアル・エフェクトだろうと思います。モニターROMというと、プログラムの容量も、実行速度も、絶対的に効率重視のように考えられがちですが、こんな遊び心も盛り込まれているのです。これは、いろいろな部分で究極の設計が施されたApple IIの凄みを、余計に感じさせる部分です。

NEXTCOL：$F85F

　低解像度グラフィックの色の値(ゼロページの$30)に3を加えます。アキュムレーターの値は変更されて戻ります

　これは、ある意味不思議なルーチンで、何のためにあるのか疑問に感じられるでしょう。色の値を3だけ増やすというのは、汎用的な機能ではないように思えるからです。しかしこれは、ある意味「ランダムに」色を設定するための機能だと考えられます。色の値は16種類あるのに、3つずつ増やすので、色の並びは16と3の最小公倍数の48で1サイクルとなります。つまり、このルーチンを50回近く呼ばないと、同じパターンの色の並びは出現しないことになります。これは使い方によっては十分ランダムと言えるでしょう。少なくとも、グラフィックのデモやゲームなどに使えるものです。現在ではこうした用途には擬似的な乱数を発生させて使うのが普通です。当時のApple IIのBASICにも、疑似乱数の発生機能はありましたが、機械語プログラムからは使えません。たとえ擬似的なものでも、機械語プログラムで乱数発生を実現するのは、それなりに大変です。この方法なら、わずか5バイトのプログラムで、なんとなくランダムっぽく見える色を発生させることができるので、かなり効果的です。

　いずれにせよ、このルーチンは、$30に置いてある色の値を3だけ増やしたあと、次のSETCOLになだれ込んでいます。つまり、NEXTCOLから見るとSETCOLは不可分です。そこで、NEXTCOLとSETCOLの領域のコードをまとめて示します（図11）。

図11:NEXTCOLとSETCOLルーチンの逆アセンブルリスト

　NEXTCOLの先頭では、まずLDA $30で、アキュムレーターにゼロページの$30の値を読み込んでいます。低解像度グラフィックのプロットの色を設定しておくアドレスでした。次にCLCでキャリーフラグをクリアしてからADC #$03によってアキュムレーターの値に3を加えています。第4章でも述べたように、6502には、キャリーフラグが絡まない加算命令（ADD）がないので、このように2ステップ

を踏む必要があります。

　これで、目的の色の値がアキュムレーター（の下位4ビット）に入ったので、続いて色の値の設定に入ります。次のコードは、SETCOL のエントリーポイントになっているので、そちらで説明しましょう。

SETCOL：$F864

　低解像度グラフィックの色を設定します。設定したい色の値をアキュムレーターに入れて呼び出します。アキュムレーターの値は変化して戻ります。

　ここでは、まず AND #$0F によって下位4ビットだけを残します。これを使う人が、かならず色の値を 0 ～ 15（$F）に設定して呼んでくれるなら、この AND は不要なのですが、たとえば上の NEXTCOL から入ってきた場合でも、ゼロページの $30 の値を読み込んだものに 3 を足してから来るので、上位4ビットにも何かしらの値が入っていることになります。後の処理を考えると、この上4ビットは 0 でなければならないので、この AND は必要です。下位4ビットだけにした値は、STA $30 によって、いったん $30 に保存しておきます。

　次に左シフト命令 ASL を 4 回実行して、下位4ビットの値を上位4ビットに移動します。その後、ORA $30 によって、保存してあった下位4ビットの値と上位4ビットの値を、アキュムレーター上で合体させます。その結果、上位4ビットと下位4ビットの値は同じになります。このルーチンを呼ぶ前にアキュムレーターの下位4ビットに入っていた色の値が、上位4ビットにもコピーされたものと見ることもできます。それを STA $30 によって $30 に保存してから、RTS によって戻ります。これで、ゼロページの $30 には、PLOT ルーチンで使える仕様の色の値が格納されることになります。

SCRN：$F871

　低解像度グラフィック画面の、指定した座標の店の色を読み取ります。読み取りたい点の X 座標を Y に、Y 座標をアキュムレーターに入れて呼び出します。アキュムレーターにその点の色の値、0 ～ 15（$F）が入って戻ります。Y レジスターの値は変化しません。

　このルーチンの前半は、どこかで見たような気がするでしょう。そう、途中までは PLOT と同じなのです。ちょっと考えてみれば、それも当然でしょう。ある点の色の値を読み込むには、ビデオメモリ中の、そのデータのアドレスを計算する必要がありますが、そのアドレス計算は、そこにプロットする場合と同じだ

からです。したがって、X 座標を Y レジスターに、Y 座標をアキュムレーターに、という入力条件も PLOT と同じです。とりあえず SCRN ルーチンのコード全体を示します（図 12）。

図12:SCRNルーチンの逆アセンブルリスト

```
F871-   4A          LSR
F872-   08          PHP
F873-   20 47 F8    JSR     $F847
F876-   B1 26       LDA     ($26),Y
F878-   28          PLP
F879-   90 04       BCC     $F87F
F87B-   4A          LSR
F87C-   4A          LSR
F87D-   4A          LSR
F87E-   4A          LSR
F87F-   29 0F       AND     #$0F
F881-   60          RTS
```

　先頭の、LSR、PHP、そして $F847（GBASCALC）を呼び出すあたりまでは、PLOT とまったく同じです。ざっと思い出しておくと、Y 座標を 2 で割ってバイト単位の行番号に変換し、元の座標が偶数か奇数かを示すキャリーフラグをスタックに保存し、ベースアドレスを計算するルーチンを呼び出しています。

　まったく同じなのはここまでで、その後は似ている部分もあるものの、順番も含めて違ったものとなっています。SCRN では、ここでさっそく LDA ($26),Y によって、計算したベースアドレスに X 座標の値を持つ Y レジスターの値を足したアドレスのデータをアキュムレーターに読み込んでいます。目的の色の値は、このデータの上位 4 ビットか下位 4 ビットのいずれかに入っていることになります。それは、指定された Y 座標の値が偶数だったか奇数だったかによって決まります。

　それを調べるために、スタックに保存しておいたキャリーフラグの値を PLP で元に戻します。もし目的の座標が偶数だった場合には、アキュムレーターの下位 4 ビットには、その値がすでに入っていることになります。また、その場合はキャリーフラグはクリアになっているので、次の BCC $F87F で、ちょっと先に分岐します。その分岐先では、AND #$0F によって、上位 4 ビットの値をクリアしてから RTS によって戻っています。当然、その際のアキュムレーターの値は、純粋な色の番号 0 〜 15（$F）のいずれかとなっているはずです。

　目的の座標が奇数だった場合、キャリーフラグはセットされているはずなので、BCC $F87F による分岐は起こりません。この場合、アキュムレーターの上位 4 ビットに目的の値が入っていることになります。そこで、分岐しなかった場合の次のコードでは、LSR を 4 回繰り返して、アキュムレーターの上位 4 ビットの値を下位 4 ビットに移動しています。その後は、上の BCC 命令で分岐したときと同じコードに合

流します。つまり、AND #$0F によって、上位 4 ビットの値をクリアし、RTS によっ
て戻ります。

　これで、目的の点の Y 座標が偶数でも奇数でも、アキュムレーターの下位 4 ビッ
トに、その純粋な色の値を読み取ることができました。

PRNTAX：$F941

　アキュムレーターと X レジスターの内容を、連続する 4 桁の 16 進数として標準
出力デバイスに出力します。アキュムレーターと X に、出力したい値をセットし
て呼び出します。アキュムレーターの値は上位バイト、X の値は下位バイトとして
出力されます。アキュムレーターの値は変化して戻ります。

　このルーチンは、モニターコマンドを処理するルーチンの中で使われているもの
です。ユーザーのプログラムからも使う機会が多いでしょう。このルーチンから、
また別のルーチンを呼び出して処理しているので、これ自体は非常に短いものと
なっています。全体を見ておきましょう（図 13）。

図13:PRNTAXルーチンの逆アセンブルリスト

```
F941-    20 DA FD    JSR    $FDDA
F944-    8A          TXA
F945-    4C DA FD    JMP    $FDDA
```

　まず最初の行では、JSR $FDDA によって、いきなり $FDDA にあるサブルーチ
ンをコールしています。これは、PRBYTE というラベルの付いたもので、アキュ
ムレーターの内容を 2 桁の 16 進数として標準デバイスに出力するものです。この
中身については、後で、このルーチンが登場したときに説明します。

　次は、TXA によって X レジスターの内容をアキュムレーターに転送しています。
そして、今度は PRBYTE をコールするのではなく、JMP $FDDA によって、そこ
にジャンプしています。もちろん続けて X レジスターの内容を出力するためです。
このようにサブルーチンの最後に別のサブルーチンを呼ぶ場合には、JSR ではなく、
JMP を使うのが一般的です。JSR して戻ってきてから、RTS するのは、実行時間
的にも、プログラムの容量的にも無駄だからです。つまり、飛び先の最後にある
RTS を利用して、元に戻るわけです。

PRBLNK：$F948

　標準出力デバイスに3つのスペースを出力します。アキュムレーターの値は変化して #$A0 に、X レジスターも変化して #$00 になって戻ります。

　3文字分のスペースとは、半端な数だと思われるかもしれませんが、Apple II のモニター機能を考えると、そうでもありません。たとえば逆アセンブル機能では、オペコードのニーモニックと、オペランドの間は3つのスペースで区切られています。6502 のニーモニックは、すべて3文字なので、3文字のスペースがバランスよく見えるからでしょう。比較的素直なプログラムのリストを示します（図14）。

図14：PRBLNKルーチンの逆アセンブルリスト

　まず最初の行では、LDX #$03 によって、X レジスターに値3をロードしています。言うまでもなく、出力するスペースの数ですね。そして、その次の行ではLDA #$A0 によって、今度はアキュムレーターに値 $A0 をロードします。これは、反転でも点滅でもない、通常表示のスペースの文字コードです。

　これで準備ができたので、次の行で JSR $FDED によって、$FDED にあるCOUT ルーチンを呼び出しています。このルーチンは、アキュムレーターにある文字コードに対応する1文字を出力するものです。つまり、1個のスペースを通常は画面に表示します。この中身についても、あとで登場したときに説明します。

　COUT から戻ったら、DEX によって、X レジスターの値を1つ減らします。次の行の BNE $F94A では、ゼロフラグをチェックし、それが立っていなかったら、つまり X レジスターの値が0でなかったら、$F94A に分岐して、上の LDA #$A0から繰り返します。これで3文字分のスペースが出力できることは明らかでしょう。

　しかし、ここで1つ疑問に思う人もいるかもしれません。X レジスターの値がゼロでなかった場合、どうして JSR $FDED の部分に分岐しないで、LDA #$A0 まで戻る必要があるのか、ということです。COUT を呼んでもアキュムレーターの値は変化しないはずなので、JSR $FDED から繰り返せばいいはずです。その疑問はもっともなもので、COUT が Apple II の画面の場合には、確かにアキュムレーターの値は変化しません。JSR $FDED に戻ったほうが、本当にわずかですが、動作は速くなります。しかし、COUT は、厳密には「画面出力」ルーチンではなく、

あくまでも「標準出力」ルーチンです。出力が、別のデバイスにリダイレクトされている場合、もしかするとその出力ルーチンでアキュムレーターの値が変えられてしまうかもしれません。もちろん、1文字出力ルーチンではアキュムレーターの値を保存するというのが暗黙の了解ですが、すべてのプログラムがそれに従っているという保証はありません。そのため、ここでは安全のためにLDA #$A0まで戻っているものと考えられます。

PRBL2：$F94A

標準出力デバイスに、Xの値の数だけのスペースを出力します。Xレジスターに出力したいスペースの数を入れて呼び出します。レジスターの戻り値は、PRBLNKと同じです。

このルーチンは、実は上のPRBLNKの途中に飛び込んだものです。つまりLDA #$A0から始まっています。あらかじめXレジスターに任意の数を入れておくことで、その数の文字数分だけのスペースを出力するのです。これ以上の動作の説明は不要でしょう。

PREAD：$FB1E

パドルの値を読み込見ます。Xレジスターにパドルの番号（0～3）を入れて呼び出します。実際に読み込んだパドルの値がYレジスターに入って戻ります。アキュムレーターとXレジスターの値も変化して戻ります。

第5章で触れたパドルの値を読むサブルーチンがこれです。現在の感覚からすると、かなり原始的なプログラムに見えますが、ループを回して、そのカウント数によって時間を計測しています。もちろん、当時のApple IIは、マルチタスクでも何でもないので、このルーチンを呼んでパドルの値を読み込んでいる間は、他のことはいっさいできません。とりあえずプログラム全体を見ておきましょう（図15）。

図15:PREADルーチンの逆アセンブルリスト

```
FB1E-   AD 70 C0    LDA   $C070
FB21-   A0 00       LDY   #$00
FB23-   EA          NOP
FB24-   EA          NOP
FB25-   BD 64 C0    LDA   $C064,X
FB28-   10 04       BPL   $FB2E
FB2A-   C8          INY
FB2B-   D0 F8       BNE   $FB25
FB2D-   88          DEY
FB2E-   60          RTS
```

　このルーチンでは、まず最初に LDA $C070 によって、$C070 からアキュムレーターに値を読み込むようなコードになっています。ただし、これはこのアドレスの値が知りたくてこうしているわけではありません。第5章で見たように、この範囲のアドレスは、Apple II の I/O 領域です。具体的に言うと、このアドレスは、パドルの抵抗値を読み込むためのワンショットタイマーにトリガーをかけるためのもので、そこにアクセスさえすれば良いのでした。次に LDY #$00 によって、Y レジスターにカウンターの初期値である 0 をロードしています。ここからタイマーがアップするまで、カウントを増やしていくわけです。

　その後に、NOP が 2 つ続いているのは、不思議に思われるかもしれません。これは、単なる時間待ちです。NOP が 1 つで 2 サイクルなので、2 つで 4 サイクル、時間にすれば 4 マイクロ秒です。これは、この NOP の直後から、パドルのポートの状態をチェックするため、Y レジスターの値が 0 から 1 になる時間と、それ以降、1 から 1 つずつ増える際の時間が、できるだけ違わないようにするための措置です。パドルの値が 0 や 1 や 2 というのは、パドルの位置にすれば端の方ですし、このような時間調整がなくても、大勢に影響はないと思われますが、実に細かい配慮だと言えます。

　次に LDA $C064,X によって、X レジスターによって指定されたパドルの状態を調べています。X レジスターの値は 0 ～ 3 なので、ここで調べるのは、$C064、$C065、$C066、$C067、のいずれかということになります。もしここで、アキュムレーターに読み込んだ値が正であれば、そこで計測は終了ということになり、次の BPL $FB2E によって、このルーチンの最後の RTS に分岐して戻ります。読み込んだ値が負のうちは、まだ計測中なので、INY によって Y レジスターの値を 1 だけ増やし、BNE $FB25 によって、Y レジスターの値が 0 でなければ、パドルの状態のチェックに戻ります。この 1 つのループの時間は 12 マイクロ秒ということになっています。

　6502 の命令セットの表（P.093 ～ 096）を見ながら確かめてみましょう。まず、絶対アドレス + X レジスターによる修飾の LDA 命令は、この場合 X レジスター値の追加によってページをまたがないので 4 サイクルです。次の BPL 命令は、分岐しない場合を考えるので 2 サイクル。INY も 2 サイクル。次の BNE 命令は、分岐する場合なので 4 サイクルです。つまり、4 + 2 + 2 + 4 で、合計は 12 サイクル。Apple II のクロックが 1 MHz なので、12 マイクロ秒ということになります。

　もし、Y レジスターの値を 1 だけ増やした結果が 0 になったら、それは 256 回のループを回ってしまったことになります。その場合は、DEY によって Y レジスター

の値を 255（$FF）に戻してから、RTS によって戻ります。これは一種のリミッター
で、これがないと、無限ループに陥ってしまう危険があります。

　この PREAD から返ったときには、Y レジスターの値は 0 から 255（$FF）のい
ずれかとなっていて、それが求めるパドルの値です。このパドルの値によって、こ
のルーチンの実行時間は十数マイクロ秒から約 3 ミリ秒という、かなり差が出てし
まいます。これがこの方式の欠点ですが、第 5 章でも述べたように、Apple II の極
小的にシンプルなハードウェアを考えると、しかたがありません。むしろ、こんな
に簡単にアナログ値が読み込めることに感嘆すべきところなのです。

BELL1：$FBD9

　Apple II のスピーカーを、1KHz の音で 0.1 秒間だけ鳴らします。このアドレス
を呼び出す場合には、アキュムレーターに #$87 をロードしておく必要がありま
す。アキュムレーターと X レジスターの値は変化して戻ります。このルーチンの、
BELL1 という、後ろに「1」の付いたラベルからも分かるように、これは後で出て
くる BELL ルーチンの下請け的なもので、標準出力が内蔵ディスプレイのときに
使われるものです。その BELL では、標準出力にベル文字（Control-G）を出力す
ることで、内蔵ディスプレイなら Apple II の内蔵スピーカーでビープ音を鳴らし
ます。とりあえず BELL1 以降、内蔵スピーカーの音を鳴らすプログラム全体を見
ておきましょう（図 16）。

図16:BELL1ルーチンの逆アセンブルリスト

　BELL1 の先頭でアキュムレーターが #$87 かどうかをチェックしているのは、
BELL から呼ばれた際に、ベル文字がセットされているかどうかを確認するためで
す。そうでない場合には、BNE $FBEF で、RTS に分岐して、そのまま戻ってし
まいます。

　アキュムレーターの値が #$87 だった場合には、次に LDA #$40 によって、アキュ
ムレーターに 64（$40）という値をロードします。これは次の JSR $FCA8 によっ

て WAIT ルーチンを呼び出すための設定です。後で述べる WAIT ルーチンは、ア
キュムレーターの値に応じた時間だけ待って戻るという、汎用の時間待ちルーチン
です。

その後からが、ようやく純粋に音を鳴らす部分です。単に 1KHz で 0.1 秒間の
ビープ音を鳴らしたいだけなら、この $FBE2 を呼び出すと良いでしょう。そこで
は、まず LDY #$C0 によって、192（$C0）という値を Y レジスターにロードします。
これは、次の行から始まるループのカウンターで、同じ動作を 192 回だけ繰り返す
ことを意味しています。

そのループの先頭では、まず LDA #$0C によって、アキュムレーターに 12（$C）
という値をロードしてから、また JSR $FCA8 によって WAIT ルーチンを呼び出
しています。もちろんこれも単純な時間待ちですが、スピーカーが接続されたポー
トの状態をオンオフするたびに、この時間待ちが入るので、この時間待ちの 2 倍の
長さが、音の波形の 1 周期ということになります。

そこから戻ってくると、LDA $C030 によって、$C030 の値を読み込んでいるよ
うに見えるコードを実行します。これはもう、I/O アドレスだとすぐに気付くと思
いますが、具体的にはスピーカーポートをトグル（オン／オフ）するスイッチのア
ドレスです。

これで、スピーカーポートの状態がオンならオフへ、オフならオンに切り替えて
から、次の DEY で、ループカウンターの Y レジスターの値を 1 減らします。その
結果が 0 でなければ、BNE $FBE4 によって、アキュムレーターに #$0C をロード
するところに分岐して繰り返します。Y レジスターが 0 になったら、その分岐はス
キップして、次の RTS で戻ります。

WAIT：$FCA8

上の BELL1 でも使っている、汎用の時間待ちルーチンです。アキュムレーター
の値に応じた時間だけ待ってから戻ります。アキュムレーターの値は変化し、0
になって戻ります。待ち時間は、ウォズの計算によると、アキュムレーターの値
を a としたとき、$(13+27/2 \times a+5/2 \times a \times a)$ マイクロ秒になるということです。
ここでは検証しませんが、気になる人は各命令のサイクル数を見て計算してみて
ください。

プログラムを見れば分かるように、アキュムレーターの値を使って 2 重ループに
よって時間待ちをしています。2 重ループのカウンターとしてアキュムレーターだ
けを使っているので、内側のループと外側のループの間には、アキュムレーターを

スタックに保存したり戻したりと、比較的サイクル数の多いコードが挟まれています。何しろ時間待ちルーチンなので、時間のかかることは、むしろ好都合なのです（図17）。

図17:WAITルーチンの逆アセンブルリスト

まず先頭の SEC は、キャリーフラグをセットする命令でした。次の PHA で、現在のアキュムレーターの値をスタックにプッシュしてから、SBC #$01 によって、アキュムレーターの値から1とキャリーフラグの値を引いています。先頭に SEC を入れているのは、SBC 命令ではキャリーの反転がボローとして働くので、確実に1だけ引くためです。

次の BNE $FCAA では、上の SBC #$01 に戻る内側のループを形成します。入力されたアキュムレーターの値 -1 の回数だけループすることになります。

アキュムレーターの値が0になって内側のループが終わると、次は PLA によって、スタックにプッシュしておいたアキュムレーターの値を戻し、次の SBC #$01 によって、そこから1だけ減らします。その結果が0でなければ、BNE $FCA9 によって、先頭から2行目の PHA の部分まで戻る外側のループを形成します。これを元のアキュムレーターの値が0となるまで繰り返し、0になった RTS によって戻ります。

この時間待ちも、PREAD と同様、実行中は他のことが何もできません。6502 が CPU がフル稼働して、いわば無駄な動作によって待ち時間を作るという形になっています。

RDKEY：$FD0C

標準入力デバイスから、ユーザーによる入力を待って1文字入力します。入力された（キー入力の）文字のコードがアキュムレーターに入って戻ります。Y レジスターの値も変化します。このルーチンでは、まず入力デバイスとは関係なく、テキスト画面に点滅するカーソルを表示してから、ゼロページの $38 と $39 が表すアドレス（KSW）にジャンプします。このアドレスには、通常は内蔵キーボードから1文字を入力する KEYIN（$FD1B）のアドレスが入っていますが、ユーザーの操作で、拡張カードによって接続したデバイスなどにリダイレクトするよう設定でき

ます。そのリダイレクトの設定は、BASIC のコマンドや、モニターコマンドによっ
て可能です。そのためのモニターコマンドについては第 7 章で解説します。

　とりあえず、画面に点滅カーソルを表示してから、標準入力ルーチンを格納した
アドレスに間接ジャンプするところまでを見ておきましょう（図 18）。

図18:RDKEYルーチンの逆アセンブルリスト

　まず、先頭では、LDY $24 によって、ゼロページの $24 の値を Y レジスターに
読み込んでいます。このアドレスには CH というラベルが付いていて、カーソル（C）
の水平（H）位置、つまり X 座標を表しています。そして、LDA ($28),Y によって、
現在のカーソル位置のベースアドレスを表すゼロページの $28 と $29 から読み込ん
だ 16 ビットアドレス値に Y レジスターの値を加えたアドレス、つまり現在のカー
ソル位置のアドレスから、そこに表示されている文字のコードを読み取ります。読
み取った元の文字コードは、後で表示用に利用するので、PHA でスタックにプッ
シュしておきます。

　元の文字コードを保存したら、それを同じ文字の点滅の文字コードに変換します。
点滅の文字コードは、第 5 章で示した文字コード表（P.130）によると、$40 ～ $7F
の範囲に入っているコードでした。これは、文字そのものを表す下位 6 ビットの
コード（$00 ～ $3F）を持ってきて、その第 6 ビットを立てれば作ることができま
す。ここでも、その原理通りの方法で作っています。まず AND #$3F で下位 6 ビッ
トだけを確保し、ORA #$40 によって第 6 ビットを立てます。

　そうしてできた点滅文字のコードを、その値を STA ($28),Y によって、現在のカー
ソル位置のアドレスのビデオメモリに直接書き込みます。これでその位置に点滅文
字が表示されます。

　通常のカーソルは、ユーザーにキー入力を促すものなので、何も文字がない、言
い換えればブランク文字が表示されている位置に置かれるはずです。そのためには、
単にカーソル位置に #$60（点滅文字のスペース）のコードを書き込むだけで良さ
そうだと思われるかもしれません。しかし、Apple II にはカーソルを左右に動かす
キーがあって、すでに入力したキーの上にカーソルを移動して入力を編集すること
ができます。そのため、どんな文字でも点滅表示することが必要なのです。モニター

コマンドをタイプして、おいて、左矢印キーでカーソルを少し戻した状態を見てみましょう（図19）。

図19:モニターコマンド入力中にカーソルを左に戻した状態

```
*FD⬛CL
```

この図では、「0」が反転表示になっているのが確認できますが、実際には点滅しています。これは、いったん画面に表示された通常の「0」の文字コード #$B0 を読み込んでおいて、それを AND #$3F してから ORA #$40 することで、点滅する「0」の文字コード #$60 に変換して書き込んだ結果です。

点滅文字がセットできたら、PLA でアキュムレーターの値を元の文字コードに戻してから、JMP ($0038) で、ゼロページの $38 と $39 が示すアドレスに間接ジャンプします。これは先に述べた通りです。このアドレスには、初期状態では、このルーチンに続く KEIN（$FD1B）が入っています。

KEYIN：$FD1B

Apple II のキーボードから 1 文字を入力します。押されたキーの文字コードがアキュムレーターに入って戻ります。ここでは、ユーザーが実際に何かのキーを入力するまで待ちますが、そのついでに隠れた重要な働きをしています。それは、擬似的な一種の乱数値を変化させるということです。その値はゼロページの $4E と $4F に置いてある 16 ビットの値です。キー入力待ちをしている間に、その値を 1 つずつインクリメントするのです。したがって、乱数とは言っても、キー入力待ちをせずに、連続して読み込んだ場合、ずっと同じ値になってしまいます。そのため、たとえばグラフィックのデモのように、キー入力待ちが入らないプログラムで色や座標をランダムに決めたりする用途には使えません。間にキー入力待ちが入れば、値は変化しますが、「乱数」というのはちょっと無理があるかもしれません。待ち時間にもよりますが、その値は順番に増加するだけです。ただし、常に 16 ビットの値なので、オーバーフローすれば、また 0 に戻って 65535 まで増えます。キーボード入力の合間に読み込めば、結果的にランダムに見えるでしょう。このゼロページの $4E と $4F のアドレスのラベルは、それぞれ「RNDL」と「RNDH」となっています。

いずれにしても、このルーチンは、コマンドなどの文字列を入力するためのものではなく、あくまでもキーボードから直接 1 文字を入力するためのものです。ただ

し、ユーザーが何かを入力するまでは、待ち続けるので、その間は何もできなくなります。前半は、この擬似的な乱数増加処理から入り、キーボードの状態をチェックして、何か押されれば入力し、カーソル位置に元あった文字をビデオメモリに戻してから、押されたキーのコードをアキュムレーターに入れて戻ります。コードを確認しましょう（図20）。

図20:KEYINルーチンの逆アセンブルリスト

　先頭のコードは、INC $4E によって、ゼロページの $4E の値を1つだけ増加します。このように、ゼロページの値を、レジスターを介することなく、直接インクリメントしたりできるのは、6502 の強力なアドレッシングモードのおかげです。その結果が0にならない場合、要するに繰り上がりがない場合には、BNE $FD21 によって、実際のキーの入力に分岐します。インクリメントの結果が0になった場合には、上位バイトもインクリメントする必要があるので、次の INC $4F によってそれを実行し、そのままキー入力に移行します。

　実際のキー入力では、まず、BIT $C000 によって、アドレス $C000 の値を調べます。この 6502 の BIT 命令は、面白い動作をします。主な動作は、アキュムレーターと、指定したメモリの値の論理積を取って、その結果が0になるかどうかによって、Z フラグを変化させるというものです。つまりアキュムレーターにマスク値を入れておいて、メモリ値の必要なビットの状態をチェックするのです。しかし、それとは独立して、メモリ値の第7ビットがそのまま N フラグに、第6ビットが V フラグにコピーされるという動作もあるのでした。これで、アキュムレーターの値に関係なく、メモリ値の第6，第7ビットの状態が簡単にチェックできます。Apple II の場合、$C000 というアドレスは、I/O 領域の先頭で、キーボードから入力したコード（$A0 ～ $DF）が入ります。そして、もし最上位ビットの0なら、まだ何もキーが押されていない状態であることを示しています。その際には、BPL $FD1B によって、このルーチンの先頭、つまり擬似乱数のインクリメントからやり直します。相手は人間ですから、何かキーが入力されるまで、このループは、かなりの回数繰り替えされることになるでしょう。

　何かキーが入力された場合、次の STA ($28),Y によって、アキュムレーターに保持していた、元のカーソル位置にあった文字のコードを、その位置に戻してから、LDA $C000 によって、改めて入力された文字コードをアキュムレーターに読み込みます。その次の BIT $C010 は、キーボードのストローブをクリアするものです。簡単に言えば、何かキーが入力された状態をクリアして、次のキー入力を可能にします。これで、入力された文字コードをアキュムレーターに入れたまま、次の RTS で戻ります。

RDCHAR：$FD35

　上の RDKEY を呼び出すことで、標準入力デバイスから 1 文字を入力し、それが ESC だった場合には、それなりの処理を実行します。そうでなければ、押されたキーの文字コードをアキュムレーターに入れたまま戻ります。これは、モニターや BASIC などの、コマンドプロンプト状態で、ESC キーによるカーソルコントロールを実現するためのルーチンです。

　このルーチンは、RDKEY を呼び出した後、押されたキーが ESC の場合には、少し前にある、それを処理する部分に分岐してしまうので、その ESC 処理の部分からコードを確認しておきましょう（図 21）。

図21:ESC処理を含むRDCHARの逆アセンブルリスト

　まず、RDCHAR のアドレス、$FD35 から見ていきます。JSR $FD0C でいきなり呼び出しているのは、上の RDKEY ルーチンです。何かキーが押されるまで待って 1 文字入力するものでした。次にそれを、CMP #$9B で、ESC キーが押された場合のコードと比較します。もし一致すれば、このリストで示した先頭の $FD2F に分岐します。このアドレスは、元のソースコードでは、実は「ESC」というラベルが付けられています。押されたキーが ESC でなかった場合には、このルーチンは終了し、入力されたコードをアキュムレーターに入れたまま、次の RTS で戻ります。

　入力されたコードが ESC だった場合には、今述べたように $FD2F に分岐しますが、そこでは JSR $FD0C によって再び RDKEY ルーチンを呼び出しています。これは ESC に続いた何らかの別のキーを入力するためです。それが入力された

ら、次の JSR $FC2C によって、ESC キーに続いて入力されたキーに対応した処理
を実行するルーチン、ESC1 を呼び出しています。その ESC1 内の処理では、ESC
に続いて入力されたキーを調べ、それに応じて画面のクリアやカーソルの移動な
ど、画面上での編集操作を中心とする処理を実行します。その部分は、コードが煩
雑になるのでここには示しません。基本的にカーソルの移動は、ゼロページの CH
（$24）や CV（$25）を直接操作して実現しています。ESC1 のコードを示す代わり
に、ESC キーと他のキーとの組み合わせによって実現できる画面編集機能の一覧
表を示しておきましょう（図 22）

図22:ESCキーと他のキーの組み合わせによる機能一覧

キー	動作	備考
ESC・A	カーソルを１文字分右に移動	
ESC・B	カーソルを１文字分左に移動	
ESC・C	カーソルを１行分下に移動	
ESC・D	カーソルを１行分上に移動	
ESC・E	カーソル位置から右端までをクリア	
ESC・F	カーソル位置から画面の最後までをクリア	
ESC・@	画面全体をクリアしてカーソルを左上に移動	
ESC・K	カーソルを１文字分右に移動（連続入力可能）	オートスタートROMのみ
ESC・J	カーソルを１文字分左に移動（連続入力可能）	オートスタートROMのみ
ESC・M	カーソルを１行分下に移動（連続入力可能）	オートスタートROMのみ
ESC・I	カーソルを１行分上に移動（連続入力可能）	オートスタートROMのみ
←（バックスペース）	入力ラインのカーソル位置の１つ前の文字を消す	画面上には残る
→（リタイプ）	←で画面上に残った文字を再入力したのと同じ効果を発揮	カーソルは１文字分右に移動する

　元のルーチンに戻って、ESC1 から戻ってくると、コードは再び $FD35、
RDCHAR に流れ込みます。つまりもう１文字入力するわけです。最初から考える
と、RDCHAR を呼んだ場合に、ユーザーが ESC を押したら、その ESC も含めて
３文字を入力することになります。プログラムとしては、何か文字を入力しようと
したのに、ユーザーが ESC と、それに続く文字を押してカーソルを移動したりし
た段階では、呼び出し側が必要としているキー入力は、まだ発生していないことに
なります。それは、一種の例外的な処理であって、それで終わってしまっては困る
のです。このルーチンでは、入力として何か意味のあるキーコードを持って帰らな
ければなりません。もしここで、ユーザーが再び ESC を押したら、また同じこと
の繰り返しです。それに続いてさらに２文字を入力することになります。そうして、
必ず奇数の文字数を入力することになります。ESC キーによる操作で、連続的に
カーソルキーを移動することはあり得ることなので、そういった操作も、実はそれ
ほど珍しくないと言えるでしょう。

GETLNZ：$FD67

標準出力に CR（キャリッジリターン）のコードを出力、つまり改行してから GETLN に入ります。このルーチンに固有のコードは先頭行の JSR $FD8E だけです。この $FD8E には、CROUT というラベルが付けられていることかも分かるように、標準出力に CR のコードを出力するだけのものです。

このルーチンの 2 行目以降は、次の GETLN に合流することになるので、次で説明することにします。

GETLN：$FD6A

1 文字のプロンプトを出力してから、入力待ちをして、標準入力デバイスから 1 行の文字列を入力します。ここで入力された文字列は、$0200 〜の入力バッファに格納されます。また、入力された文字数が X レジスターに入って戻ります。ここで表示するプロンプト文字は、あらかじめゼロページの $33 に入れておきます。これは、モニターや BASIC で 1 行のコマンドを入力するためにも使っているルーチンです。モニターの場合、プロンプト文字は「*」で、モニターが起動中は、$33 には #$AA が入っています。一方、6K BASIC の場合には、プロンプトは「>」なので、#$BE が入っています。

このルーチンを、上の GETLNZ（$FD67）を含めて見てみましょう。1 つの独立したルーチンとしては、これまでになく、長いものとなっています（図 23）。

図23:GETLNZを含むGETLNルーチンの逆アセンブルリスト

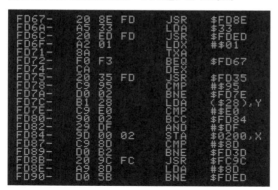

まず GETLN は、LDA $33 によってゼロページからプロンプト用の文字コードをロードするところから始まります。次の JSR $FDED で COUT をコールして、

プロンプトを出力します。次に文字数をカウントする X レジスターの値を 1 に初期化し、その値をアキュムレーターにも転送してから、その値が 0 なら、BEQ $FD67 で、このブロックの先頭、GETLNZ の先頭に分岐します。X の初期値は 1 なので、最初はこうなりませんが、これはユーザーが左矢印（バックスペース）キーを押し続けて、先頭に戻ってしまった場合に、入力をやり直すための措置です。次に DEX が入っているので、X レジスターの初期値は、ここで実質的に 0 になります。この X レジスターの値は、キーボードから読み込んだ値をキー入力バッファに格納する際のインデックスとしても使われるので、これが本来の X の初期値となります。

　次の JSR $FD35 では、実際の RDCHAR を呼び出して、1 文字入力します。その文字を #$95 と比較しているのは、右矢印（リタイプ）キーが押された場合の処理のためです。その際は、画面に表示されているカーソルの下の文字が入力されたことにするので、LDA ($28),Y によって、現在のカーソル位置に表示されている文字のコードをアキュムレーターに読み込みます。

　入力された文字は、まず CMP #$E0 によって、小文字の領域のコードかどうかを確かめます。もしそうなら、AND #$DF によって、第 5 ビットをクリアして、小文字のコードを大文字のコードに変換します。これで入力された文字のコードが確定できたので、それを、STA $0200,X によって、文字入力バッファに格納します。そして、それが #$8D だった場合、つまりキャリッジリターンが押された場合には、1 行の入力が終了となります。このブロックの、これ以降のコードはキャリッジリターンが押された場合の処理です。キャリッジリターンでなかった場合には、BNE $FD3D によって、NOTCR というラベルの付いた部分に分岐します。そこについては、少し後でリストを確認します。

　押されたキーがキャリッジリターンだった場合には、JSR $FC9C によって、CLREOL というルーチンを呼び出しています。これは、カーソル位置から、その行の最後までをクリアするものです。その後、LDA #$8D で、キャリッジリターンのコードをアキュムレーターにロードし、BNE $FDED で、後で登場する COUT というルーチンに分岐します。これは 1 文字を画面に出力するものです。6502 には無条件相対ジャンプがないので、BNE を使っているわけですが、その前に 0 ではない値をアキュムレーターにロードしているので、この分岐は必ず発生します。1 行の文字列入力というのは、キャリッジリターンを入力したところで終わるので、これで、GETLN ルーチンも終わります。

　キーボードから入力した文字がキャリッジリターンでなかった場合の処理は、こ

のルーチンのちょっと前にあり、条件によって、そのまま GETLNZ になだれ込んできたり、通常の文字が入力された場合には、NXTCHAR というラベルの付いた $FD75 に合流してきます。とりあえず、その NOTCR（$FD3D）からのコードを示します（図24）。

図24:NOTCRルーチンの逆アセンブルリスト

```
FD3D-   A5 32       LDA   $32
FD3F-   48          PHA
FD40-   A9 FF       LDA   #$FF
FD42-   85 32       STA   $32
FD44-   BD 00 02    LDA   $0200,X
FD47-   20 ED FD    JSR   $FDED
FD4A-   68          PLA
FD4B-   85 32       STA   $32
FD4D-   BD 00 02    LDA   $0200,X
FD50-   C9 88       CMP   #$88
FD52-   F0 1D       BEQ   $FD71
FD54-   C9 98       CMP   #$98
FD56-   F0 0A       BEQ   $FD62
FD58-   E0 F8       CPX   #$F8
FD5A-   90 03       BCC   $FD5F
FD5C-   20 3A FF    JSR   $FF3A
FD5F-   E8          INX
FD60-   D0 13       BNE   $FD75
FD62-   A9 DC       LDA   #$DC
FD64-   20 ED FD    JSR   $FDED
```

　この部分については、個々の命令ごとに細かく解説していくと非常に長くなってしまうので、コードを解読するためのヒントとなるゼロページアドレスや、イミディエイト値の意味を中心に、概要を説明しておきましょう。

　先頭部分では、ゼロページの $32 からアキュムレーターに値を読み込んでいます。この $32 は、INVFLG というラベルが付けられていますが、画面に出力する文字の状態を、通常、反転、点滅のいずれかに切り替えるマスクが入っています。具体的には、通常の黒地に白文字の場合 $FF、反転は $3F、点滅は $7F という値になります。これらの値を AND を取ってからビデオメモリに書き込むことで、それぞれ所望の状態の文字を表示できます。この NOTCR の先頭部分では、一時的にその値をスタックに保存し、いったん #$FF を書き込んで通常文字の表示に切り替えます。その状態で COUT を呼んで、入力された文字を画面に表示し、またスタックから元のマスク値を $32 に戻しています。

　次にキー入力された文字コードを、#$88 と、続いて #$98 と比較し、一致した場合には、それぞれの処理に分岐しています。#$88 というのは、Control-H のことで、バックスペース、つまり左矢印キーが押された場合です。その場合の飛び先は、先に説明した GETLN ルーチンの中のバックスペースの処理の部分です。一方、#$98 というのは Control-X です。これは、それまでの入力をキャンセルするもの

です。その場合の飛び先は、ちょっと先の $FD62 で、バックスラッシュ文字「\」を出力して、1行入力を終了しています。

　バックスペースとキャンセルのチェックの後は、X レジスターの値を #$F8 と比較しています。10 進数なら 248 です。この数字に特に意味があるわけではありませんが、X はキー入力バッファのインデックスでした。バッファは 256 文字分しか確保されていません。そこで、その上限よりも 8 文字分ほど手前になったら、BELL（$FF8A）ルーチンを呼び出して、毎回警告のビープ音を鳴らすようにしているわけです。

　その後は、文字入力のインデックスとしての X レジスターの値を 1 だけ増やしてから、先に説明した GETLN ルーチンの途中、$FD75 に分岐して、実際にキーボードから 1 文字入力する動作から繰り返します。

GETLN1：$FD6F

　プロンプト文字を出力せずに、入力待ちをして、標準入力デバイスから 1 行の文字列を入力します。これは、もちろん GETLN ルーチンの途中のアドレスです。具体的には、プロンプト文字を出力した後、入力バッファのインデックスの初期化のところからです。

CROUT1：$FD8B

　画面のカーソル位置から右側をクリアしてから改行して次の行に移ります。これは先に説明した GETLNZ の途中のエントリーポイントです。動作としては、CLREOL（$FC9C）を呼び出してから、次の CROUT に合流して画面にキャリッジリターンを出力します。

CROUT：$FD8E

　標準出力デバイスにキャリッジリターンを出力します。これも、GETLNZ の途中のエントリーポイントです。動作としては、アキュムレーターに #$8D をロードしてから、COUT（$FDED）に分岐するだけです。

PRBYTE：$FDDA

　アキュムレーターの内容を 2 桁の 16 進数として標準出力デバイスに出力します。表示したい 1 バイトの値をアキュムレーターにセットして呼び出します。アキュムレーターの値は変化して戻ります。

　このルーチンは、次の PRHEX（1桁の16進数出力）を利用しています。そこで、PRHEX とまとめてリストを示します（図25）。

図25:PRBYTと、それに続くPRHEXルーチンの逆アセンブルリスト

　PRBYTE の先頭では、まず PHA によってアキュムレーターの値をスタックにプッシュしています。これはアキュムレーターの上位4ビットと下位4ビットを、その順で1文字ずつ出力するため、まず下位4ビットを切って上位4ビットだけにする必要があるからです。そうして上位4ビットを出力した後、アキュムレーターの値を戻して下位4ビットを出力するというわけです。

　上位4ビットを下位4ビットに持ってくるために、LSR を4回繰り返しています。その後、JSR $FDE5 によって、PRHEXZ というラベルの付いた PRHEX の途中を呼び出しています。そこでは、アキュムレーターの上位4ビットの値を1桁の16進数として出力します。これについては後で説明します。

　この段階で上位4ビットが出力できたので、PLA によって、スタックからアキュムレーターの値を元に戻し、今度は下位4ビットを出力します。それは、次のPRHEX になだれ込むことで実現しています。

PRHEX : $FDE3

　アキュムレーターの下位4ビットを1桁の16進数として標準出力デバイスに出力します。表示したい1桁の16進数の値をアキュムレーターの下位4ビットにセットして呼び出します。アキュムレーターの値は変化して戻ります。

　PRHEX の先頭（$FDE3）では、まず AND #$0F によって、アキュムレーターの下位4ビットのみを残し、上位4ビットをクリアしています。次が、すでにいちど呼び出している PRHEXZ に対応する部分です。ここで、ORA #$B0 を実行しているのは、数値（$0 ～ $F）を通常表示の文字コードに変換するための最初のステップです。アキュムレーターの値が0～9だった場合には、これで $B0 ～ $B9 のコードに変換され、「0」～「9」の文字を表現できます。しかし、元の値が $A ～ $F だっ

た場合には、「A」〜「F」の文字コードを得る必要があります。文字コード表で確認すれば分かるように、「9」と「A」のコードは連続しておらず、間に記号のコードが挟まっているからです。

そこで、文字コードに変換後のアキュムレーターの値を #$BA と比較し、それより小さかった場合には、BCC $FDED によって、そのまま次の COUT に分岐します。それによって 1 文字を出力するわけです。ここでアキュムレーターの値が $BA 以上だった場合には、文字コードは「A」〜「F」に対応する「$C1」〜「$C6」に変換しなければなりません。そこで、ADC #$06 によって、キャリーを含めて 7 を足してから、COUT に飛び込んでいます。

COUT：$FDED

標準出力デバイスに 1 文字を出力します。アキュムレーターに出力したい文字のコードをセットしてから呼び出します。このルーチンは、ゼロページの CSW ($36+$37)のアドレスにいきなりジャンプします。つまり、そのアドレスが示すルーチンに処理を丸投げするわけです。標準入力デバイスからの 1 文字入力と同じように、拡張カードのデバイスなどにリダイレクトするよう、ユーザーの操作によって設定できます。これを設定するモニターコマンドについては、第 7 章で解説します。

COUT がリダイレクトする CSW には、通常はこのすぐ後ろの COUT1 が入っています。Apple II の標準ビデオ画面に 1 文字を出力するルーチンです。そこと合わせてリストを示しましょう（図 26）。

図26:COUTと、それに続くCOUT1ルーチンの逆アセンブルリスト

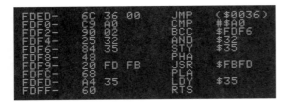

すでに述べたように、COUT の先頭では、JMP ($0036) によって、ゼロページの $36 と $37 が示すアドレスにジャンプするだけです。

COUT1：$FDF0

　Apple II の標準ビデオ画面に 1 文字を出力します。出力したい文字の文字コードを、アキュムレーターにセットして呼び出します。アキュムレーターの値は変化する場合もありますが、実際に画面に出力したコードが入った状態で戻ります。

　COUT1 の先頭では、まず、CMP #$A0 によって、アキュムレーターの文字コードを #$A0 と比較しています。この値は画面に表示する通常状態の文字コードの先頭です。その範囲の文字コードの場合には、次の AND $32 によって、先に登場したゼロページの INVFLG というマスクと AND を取って、文字表示の状態を通常、反転、点滅のいずれかに設定します。その後、STY $35 によって Y レジスターの値をゼロページの所定の位置に保存し、さらに PHA によってアキュムレーターの値をスタックに保存してから、JSR $FBFD によって VIDOUT という、実際に文字コードを画面のビデオメモリに書き込むルーチンを呼び出しています。そこから返ってくれば、PLA によってアキュムレーターの値を復帰させ、LDY $35 によって Y レジスターの値も元に戻してから、RTS によってこのルーチンから戻ります。Y レジスターをゼロページに保存しているのは、アキュムレーターと違って、Y レジスターをスタックにプッシュしたりポップしたりする命令が 6502 にはないからでしょう。

　$FBFD の VIDOUT というルーチンは、先に述べたように、実際に文字コードを画面に書き込むものですが、その際には、キャリッジリターンを始めとする、いわゆるコントロールコードの処理、画面の一部だけをスクロールさせる Apple II 固有のスクロールウィンドウの処理などを含んだ、比較的複雑なものとなっています。言葉で説明すると、かなり煩雑な内容となってしまうので、ここでは、基本的な文字の画面表示の部分だけを確認し、コントロールコードの処理や、スクロールウィンドウへの対応などの部分は割愛します。VIDOUT の少し上の、STOADV というラベルの付いた $FBF0 からコードを見ておきましょう（図 27）。

図27:VIDOUTの基本部分と、その前のSTOADVルーチンの逆アセンブルリスト

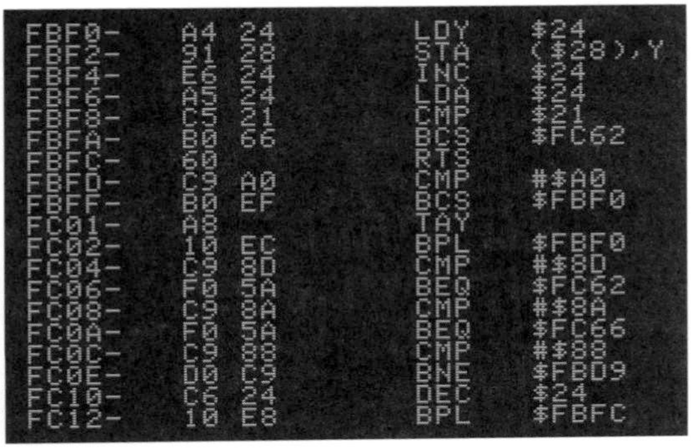

```
FBF0-    A4 24       LDY    $24
FBF2-    91 28       STA    ($28),Y
FBF4-    E6 24       INC    $24
FBF6-    A5 24       LDA    $24
FBF8-    C5 21       CMP    $21
FBFA-    B0 66       BCS    $FC62
FBFC-    60          RTS
FBFD-    C9 A0       CMP    #$A0
FBFF-    B0 EF       BCS    $FBF0
FC01-    A8          TAY
FC02-    10 EC       BPL    $FBF0
FC04-    C9 8D       CMP    #$8D
FC06-    F0 5A       BEQ    $FC62
FC08-    C9 8A       CMP    #$8A
FC0A-    F0 5A       BEQ    $FC66
FC0C-    C9 88       CMP    #$88
FC0E-    D0 C9       BNE    $FBD9
FC10-    C6 24       DEC    $24
FC12-    10 E8       BPL    $FBFC
```

　VIDOUT（$FBFD）の先頭部分は、画面に出力しようとしている文字がコント
ロールコードではないことを確認するものです。コントロールコードの場合には、
画面に表示するのではなく、それぞれ対応する機能を実現しなければならないか
らです。そのため、まずCMP #$A0によって、アキュムレーターに入っている文
字コードが#$A0以上であるかどうか、つまり通常の文字の範囲に入っているか
どうかを調べ、入っていればBCS $FBF0によって、STOADVに分岐します。続
いて、TAYによってアキュムレーターの値をYレジスターに退避してから、ア
キュムレーターの値が正（$00 ～ $7F）の場合、つまり反転文字か点滅文字の場合も、
やはりSTOADVに分岐します。これで、出力文字のコードがコントロールコー
ドの範囲（$80 ～ $9F）以外の場合は、すべてSTOADVに分岐することが分かり
ました。そして、コントロールコードの場合には、続いて#$8D（キャリッジリター
ン）、#$8A（ラインフィード）、#$88（バックスペース）かどうかをチェックして、
一致すれば、それぞれの処理に分岐していきます。コントロールコードの場合で
も、この3つ以外の場合は、$FBD9に分岐していますが、このアドレスを覚えて
いるでしょうか。これはだいぶ上の方で説明したBELL1のアドレスです。そこで
は、コントロールコードがベル（#$87）の場合には、ビープ音を鳴らし、それ以
外の場合には、そのまま戻ってしまいます。上の説明で、BELL1の先頭で、アキュ
ムレーターの値が#$87であるかどうかチェックしていたのは、不要なチェック
のような気がしたかもしれませんが、その理由はこれだったのです。これで謎が
解けました。
　さて、コントロールコード以外の通常の文字を出色するSTOADV（$FBF0）で
は、実際に文字コードをビデオメモリに書き込むことで画面に表示します。最初に
LDY $24によって、カーソルの水平位置（CH）の値をゼロページから読み込みます。

そして、そのまま STA ($28),Y によって、ベースアドレスにカーソルの水平位置の値を加えたアドレスに、アキュムレーターの値をストアしています。

　これで文字は表示されたはずですが、そのまま戻るのではなく、カーソルを進める処理をしてから戻ります。それがこの STOADV というラベルの由来です。まず、とりあえず INC $24 によって、カーソルの水平位置を表すゼロページの $24 の値を1つ増やします。そして、それを LDA $24 によってアキュムレーターにロードし、CMP $21 によってゼロページの $21 の値と比較しています。この $21 というアドレスには、WNDWDTH というラベルが付いていて、テキスト画面の中に設定できるウィンドウの幅を表すということになっています。ただし、厳密に言うと実際に表しているのは、ウィンドウの右端の座標であって幅ではありません。ウィンドウの左端は、画面の左端から離れた位置に設定できるからです。

　それはともかく、カーソル位置を右に移動して、そのウィンドウの右端をはみ出したかどうかは、$24 の値と $21 の値を比較することで分かります。そして、もしはみ出した場合には、BCS $FC62 によって、CR というラベルのついた部分に分岐します。言うまでもなく、これはキャリッジリターンを実行するルーチンです。一方、まだはみ出していなければ、改行処理は必要ないので、RTS によって、そのまま戻るというわけです。

SETINV：$FE80

　画面への文字出力を反転モードに設定します。反転モードの状態では、ユーザーがタイプしたキーボード入力などのエコーバックが、画面に反転文字として表示されます。Y レジスターだけが変化し、#$3F になって戻ります。

　このルーチンは、次の SETNORM とセットになっているので、両方のコードをまとめて示しましょう（図28）。

図28:SETINVと、それに続くSETNORMルーチンの逆アセンブルリスト

```
FE80-    A0 3F      LDY    #$3F
FE82-    D0 02      BNE    $FE86
FE84-    A0 FF      LDY    #$FF
FE86-    84 32      STY    $32
FE88-    60         RTS
```

　SETINV では、まず初めに、LDY #$3F によって Y レジスターに反転表示用のマスク値をロードします。そして、常に分岐する BNE $FE86 によって、STY $32、つまりマスク値をゼロページの $32（INVFLG）に設定してから、RTS によって戻ります。実際に文字を反転コードに変換するのは、すでに見てきたように画面に文

字を出力するルーチンの中で、この $32 にストアされている値を参照して実行しています。

SETNORM：$FE84

　画面への文字出力を通常モードに設定します。これ以降、ユーザーがタイプしたキーボード入力などの文字は、黒背景に白（グリーンモニターでは緑）の通常の文字として表示されるようになります。

　SETNORM の先頭では、LDY #$FF によって Y レジスターに通常表示用のマスク値をロードします。その後は、SETINV と同じ STY $32、RTS になだれ込み、ゼロページの INVFLG にマスク値をセットして戻ります。

PRERR：$FF2D

　標準出力に「ERR」という 3 文字からなる文字列と、ベル（ビープ音）を出力します。アキュムレーターの値は変化して戻ります。このルーチンは、アセンブラーでプログラムを書いている際に、何らかのエラー状態を表示するのに便利です。ただし、たとえばユーザーの入力にエラーがあっても、なるべく善意に解釈して、エラーとはせずに、なんらかの応答を返すのが、良いプログラムというものでしょう。実際、モニターコマンドを使っていると、変な入力をしても、エラーになることはほとんどありません。Apple II のモニターは、シンプルなプログラムながら、その動作も、コマンドラインのユーザーインターフェースのお手本のような作法を実現しています。

　それはさておき、この部分のコードを見てみましょう（図 29）。

図29:PRERRルーチンの逆アセンブルリスト

　先頭では、LDA #$C5 によって、文字「E」のコードをアキュムレーターにロードしています。そして、JSR $FDED によって、それをそのまま標準出力に送っています。$FEDE は、COUT のアドレスでした。続いて LDA #$D2 によって、文字「R」のコードをロードし、続けて 2 回、JSR $FDED を実行することで、2 つの「R」を出力します。ここまでで「ERR」が出力できました。あとは、LDA #$87 によっ

てベルの文字コードをロードし、今度は JMP $FDED によって COUT に分岐して、そのまま戻るだけです。

BELL：$FF3A

　標準出力デバイスにベル文字（Control-G）を出力します。標準出力が内臓モニターなら、Apple II のスピーカーからビープ音が鳴ります。アキュムレーターには #$87 が入って戻ります。

　このルーチンは、上の PRERR の最後の部分、つまりアキュムレーターにベル文字をロードして COUT にジャンプするという部分を取り出したものです。もはや内容の説明の必要はないでしょう。

RESTORE：$FF3F

　あらかじめゼロページの所定の位置（$45 〜 $48）に保存しておいた 6502 の全レジスターの値を、各レジスターに戻します。当然ながらすべてのレジスターの値が変化して戻ります。

　この部分のコードを確認しましょう（図 30）。

図30:RESTOREルーチンの逆アセンブルリスト

　まず先頭では、ゼロページの $48 の値をアキュムレーターにロードしています。実はこの $48 は、アキュムレーターの値を保存してあるのではなく、6502 のステータスレジスターの値が入っています。6502 には、ステータスレジスターの値を直接メモリから読み込む機能はないので、いったんアキュムレーターにロードし、それをスタックにプッシュし、ステータスレジスターにプルするという手法を使います。ただし PHA で、ステータスレジスターの値の入ったアキュムレーターの内容をプッシュした後、まず通常のレジスターの値を読み込むために、LDA $45、LDX $46、LDY $47 を続けて実行しています。ロード命令はフラグを変化させてしまうので、ステータスレジスターの値は最後に戻す必要があるからです。そして、最後に PLP で、スタックからステータスレジスターに値を戻し、RTS で戻ります。

SAVE：$FF4A

　6502の全レジスターに加えてスタックポインターの値を、ゼロページの所定の位置（$45 ～ $49）に保存します。アキュムレーターとXレジスターの値は変化して戻ります。

　この部分のコードを見ておきましょう（図31）。

図31:SAVEルーチンの逆アセンブルリスト

　まず先頭から、STA $45、STX $46、STY $47を実行して、アキュムレーター、Xレジスター、Yレジスターの値を、それぞれゼロページの$45、$46、$47に保存しています。また、PHPによって、ステータスレジスターの値をいったんスタックにプッシュし、それをPLAでアキュムレーターに受けてから、STA $48で、ステータスレジスターの値を$48に保存しています。ここまでは、上のRESTOREの裏返しの動作となっていて、まったく問題ないでしょう。

　次のTSXは、見慣れない命令ですが、この中の「S」は、ステータスレジスターの「S」ではなく、スタックポインターの「S」なのです。これで、スタックポインターの値がXレジスターにコピーされます。そして、STX $49により、その値がゼロページの$49に保存されます。

　あとは、SAVE本来の、レジスター値の保存とは直接関係ありませんが、CLDによって、デシマルモードをクリアしてから、RTSによって戻ります。

　なお、このSAVEには、スタックポインターを保存する機能があるのに、前のRESTOREでは、スタックポインターの値を戻していないのはなぜだろうと、疑問に思われるかもしれません。でも、ちょっと考えてみてください。RESTOREも、サブルーチンとして、どこか別の場所から呼ばれるのです。その中で、もしスタックポインターの値を変更してしまうと、RESTOREを呼び出したプログラムに戻れなくなってしまいます。SAVEで保存したスタックポインターの値を戻したければ、RESTOREを呼ぶのではなく、そこで$49からXレジスターに値を読み込み、スタックポインターを直接変更できる唯一の命令、TXS（Transfer Index X to Stack

Pointer）を使って戻すしかありません。もちろん、その後のRTSで、どこに戻るのか、あるいはPLAやPLPで、どのような値が戻ってくるのかについては、十分注意する必要があります。

第7章
Apple II モニターコマンド

この章では、Apple II のシステムモニターで利用可能なコマンドを取り上げます。
オリジナル Apple II では、電源を入れたり、リセットキーを押した直後は、必ずシ
ステムモニターが起動するようになっていました。そこからは、BASIC を起動したり、
初期にはカセットテープから、後にはフロッピーディスクから読み込んだプログラム
を起動するという使い方が、一般的なユーザーにとっては普通だったかもしれませ
ん。しかし、Apple II のシステムモニターの機能は、それだけにとどまりません。
機械語プログラムのデバッガーとしての重要な機能を備えているのです。むし
ろ、そちらの方が本来のモニターが意図したメインの機能です。また、オリジナル
Apple II が備える、6K BASIC の ROM には、ミニアセンブラーも装備していました。
6502 のアセンブリ言語で書いたプログラムを 1 行単位で機械語プログラムに変換
してくれるものです。モニターとミニアセンブラーを合わせれば、それだけで、6502
のアセンブリ言語によるプログラミングを学び、Apple II を探求するには十分すぎ
るほどの機能です。この章では、Apple II のモニターを操作する疑似体験的な
感覚が味わえるよう、具体的な使用例を示しながら、モニターコマンドとミニアセン
ブラーの使い方をを一通り紹介することにしましょう。

7-1	システムモニターコマンドの使い方	226
7-2	ちょっと特殊なモニター操作	238
7-3	6K BASIC ROM に滑り込ませたミニアセンブラー	244

7-1 システムモニターコマンドの使い方

●モニターへの入り方

オリジナル Apple II のモニター ROM の場合には、リセットキーを押せば、必ずシステムモニターに入ります。しかし、Apple II plus 以降のモデルや、ランゲージカードを装着することによってオートスタート ROM が有効になった Apple II の場合、リセットキーを押してもモニターを起動することはできません。ランゲージカードにロードしてあるシステムによっても異なりますが、通常は 10K BASIC が起動するでしょう。その場合のプロンプトは「]」となり、Apple II が今 10K BASIC にいることがはっきりと示されます。ちなみに 6K BASIC のプロンプトは「>」、モニターのプロンプトは「*」となっていて、実に区別しやすくなっています。

BASIC からモニターに移行するには、システムモニターのエントリーポイントを呼び出せば良いのです。そのためには、6K BASIC と 10K BASIC に共通の「CALL」というコマンドが使えます。モニターの正式なエントリーポイントは、「MON」というラベルの付いた $FF65 で、これを 16 ビットの 10 進数に変換すると、-155 になります。そこで BASIC のプロンプトから「CALL -155」というコマンドを実行すれば、モニターに移行できます。ただし、この $FF65 は、ビープ音を鳴らしてからモニターのコマンドプロンプトを表示するので、それがうるさいという場合は、「MONZ」というラベルの $FF69 を呼べば良いでしょう。10 進数では -151 になります（図 1）。

図1:BASICからシステムモニターに入る

```
]CALL -155
*FP
]CALL -151
*INT
>CALL -151
*█
```

なお、ランゲージカードを使っていて、Apple II の DOS をロードしたシステム
では、6K BASIC と 10K BASIC の両方が使えるようになり、それらとモニターの
間も自由に行き来できるようになります。そして、両 BASIC でも、モニターでも、
「FP」や「INT」というコマンドが使えるようになります。前者は 10K BASIC へ
の移動、後者は 6K BASIC への移動です。そのように、あちこち行ったり来たり
しても、すでに述べたようにプロンプトがまったく違うので、どこにいるのか迷う
心配はまったくありません。

●モニターコマンドを使う

ここからは、一般的なモニターコマンドを実際に動かしながら、使い方を確認し
ていきましょう。

メモリ内のデータを調べる

システムモニターのデフォルトの機能は、メモリ内のデータの表示です。という
のも、リターンキーだけを押すと、メモリ内容を表示するからです。モニターには、
次にどのアドレスの内容を表示するかというポインターがあって、リターンキーを
押して表示するごとに、そのポインターも更新されていきます。

つまり、リターンキーを押しているだけで、次々とメモリ内容を調べることがで
きるわけです（図2）。

図2:リターンキーだけを押してメモリ内容を表示する

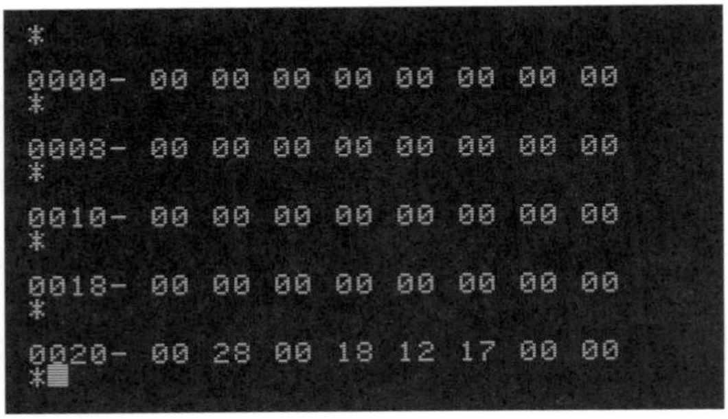

メモリ内容を表示するアドレスのポインターの初期値は $0000 です。もちろん、
アドレスを指定して、そこからメモリ内容を表示することも可能です。そのために
は、単にアドレスをタイプしてからリターンキーを押せば良いのです（図3）。

図3:先頭アドレスを入力してからリターンキーを押してメモリ内容を表示する

```
*F800
F800- 4A
*
.08 20 47 F8 28 A9 0F
*
F808- 90 02 69 E0 85 2E B1 26
*
F810- 45 30 25 2E 51 26 91 26
*
```

　その場合には、最初は指定したアドレスの1バイトだけが表示されますが、続け
てリターンキーを押すことで、以降は8バイトの区切りごとに、1行ずつ次々とメ
モリ内容を確かめることができます。

　範囲を明示的に指定してメモリ内容を表示することも可能です。その場合には、
開始アドレスと終了アドレスの間を「.」(ピリオド)で区切って表示範囲を指定し
ます(図4)。

図4:先頭アドレスと終了アドレスを指定してメモリ内容を表示する

```
*F800.F83F
F800- 4A 08 20 47 F8 28 A9 0F
F808- 90 02 69 E0 85 2E B1 26
F810- 45 30 25 2E 51 26 91 26
F818- 20 00 F8 C4 2C B0 11
F820- C8 20 0E F8 90 F6 69 01
F828- 48 20 00 F8 68 C5 2D 90
F830- F5 60 A0 2F D0 02 A0 27
F838- 84 2D A0 27 A9 00 85 30
*
```

　連続してメモリ内容を確認したい場合には、現在の表示位置からどこまでを表示
するか、つまり終了アドレスだけを指定して表示することもできます。そのために
は、「.」に続いて終了アドレスだけを入力してからリターンキーを押せばよ良いの
です(図5)。

図5:終了アドレスだけを指定してメモリ内容を表示する

```
*.F87F
F840- 20 28 F8 88 10 F6 60 48
F848- 4A 29 03 09 04 85 27 68
F850- 29 18 90 02 69 7F 85 26
F858- 0A 0A 05 26 85 26 60 A5
F860- 30 18 69 03 29 0F 85 30
F868- 0A 0A 0A 0A 05 30 85 30
F870- 60 4A 08 20 47 F8 B1 26
F878- 28 90 04 4A 4A 4A 4A 29
*
```

メモリ内のデータを変更する

　メモリ（RAM）内のデータを変更するには、変更したいアドレスの後に「:」（コロン）を置き、その後ろに新しいデータを入力してリターンキーを押します（図6）。

図6:アドレスを指定したメモリの内容を変更する

```
*800:AA
*
0800- AA FF 00 00 FF FF 00 00
*801:01 02 33 44 5F
*800.807
0800- AA 01 02 33 44 5F 00 00
*
```

　このとき、複数のデータをスペースで区切って並べれば、連続してメモリ内容を新しいデータで置き換えることができます。

　また、アドレスを省略して、「:」の後ろにデータだけを書いて変更することも可能です。この場合は、以前に内容を変更した次のアドレスのデータが変更されます（図7）。

図7:アドレス指定を省略してメモリの内容を変更する

```
*800:80
*:81 82 83 84 85 86 87
*800.807
0800- 80 81 82 83 84 85 86 87
*
```

　この方法はタイプ入力をじゃっかん省略できますが、うっかりすると、思っていなかったアドレスのデータを書き換えてしまうこともあります。メモリ内容の書き換えは慎重を要する場合も多いので、このアドレスの省略による入力方法はなるべく避けて、先頭アドレスを明示的に指定する方が安心です。

メモリのデータをコピーする

　指定したアドレス範囲のメモリ内容を、別に指定したアドレス以降にコピーするのも簡単です。まず転送先のアドレスを書き、その後ろに「<」（小なり）を書いてから、転送元のアドレス範囲を「.」で区切って指定し、最後に「M」を付けてからリターンキーを押すだけです（図8）。

図8:転送先アドレスと転送元のアドレス範囲を指定してメモリの内容をコピーする

```
*800<F800.F81FM
*800.81F
0800- 4A 08 20 47 F8 28 A9 0F
0808- 90 02 69 E0 85 2E B1 26
0810- 45 30 25 2E 51 26 91 26
0818- 60 20 00 F8 C4 2C B0 11
*■
```

　この例では、モニター ROM の $F800 ～ $F81F の範囲の値を、RAM の $0800 を先頭とする 32 バイトの領域にコピーしています。コマンドの文字は「M」なので、本来は Move（移動）なのでしょうが、転送元のアドレスのデータが消えてしまうわけではないので、実質的にはコピーになります。

　このコマンドは、ちょっとトリッキーな操作も可能です。たとえば、ある領域のメモリをクリアしたり、同じ値で埋めたい場合、指定するアドレスを工夫すれば簡単に実現できます（図9）。

図9:指定したアドレス範囲を同じ値のデータで埋め尽くす

```
*800:00
*801<800.81FM
*800.81F
0800- 00 00 00 00 00 00 00 00
0808- 00 00 00 00 00 00 00 00
0810- 00 00 00 00 00 00 00 00
0818- 00 00 00 00 00 00 00 00
*■
```

　この例では、まず $0800 のアドレスにデータとして 0 を設定してから、$0800 ～ $081F の範囲のデータを $0801 に転送するというコマンドによって、$0800 ～ $081F の範囲のデータを、すべて 0 にクリアしています。どうしてこのような結果になるのか、ちょっと考えてみてください。

　また、1 バイトの値だけでなく、任意の長さのデータのパターンで、指定した範囲を埋め尽くすということも可能です（図 10）。

図10:指定したアドレス範囲を任意の長さのデータパターンで埋め尽くす

```
*800:11 22 33
*803<800.81FM

*800.81F

0800- 11 22 33 11 22 33 11 22
0808- 33 11 22 33 11 22 33 11
0810- 22 33 11 22 33 11 22 33
0818- 11 22 33 11 22 33 11 22
*
```

　この例では、最初に $0800 から、$11、$22、$33 というデータのパターンを設定しています。次に、$0803 以降に、$0800 〜 $081F のデータをコピーするというコマンドによって、結局 $0800 〜 $081F のアドレス範囲を「11 22 33」というパターンで埋め尽くすことができました。これも原理は、上の1バイトのデータの埋め尽くしと同じです。

メモリ内のデータを比較する

　メモリデータのコピー（移動）の「M」の代わりに「V」を付けると、指定した範囲のメモリの内容が、対応する1バイトごと一致しているかどうか、ベリファイ（確認）することができます（図11）。

図11:指定したアドレス範囲のデータの一致を確認する

```
*800<F800.F87FM

*800<F800.F87FV

*800<F800.F88FV

F880-0F (FF)
F881-60 (FF)
F882-A6 (00)
F883-3A (00)
F884-A4 (FF)
F885-3B (FF)
F886-20 (00)
F887-96 (00)
F888-FD (FF)
F889-20 (FF)
F88A-48 (00)
F88B-F9 (00)
F88C-A1 (FF)
F88D-3A (FF)
F88E-A8 (00)
F88F-4A (00)
*
```

　この例では、まずモニター ROM の $F800 〜 $F87F の範囲の値を、RAM の $0800 を先頭とする 128 バイトの領域にコピーしています。その後、同じ領域同士を比較していますが、これはコピーしたばかりなので、特にメモリチップに不良な

どがない限り、一致するに決まっています。その場合は、メッセージのようなもの
は何も表示されず、次のコマンドプロンプトが表示されるだけです。

　次に、比較の範囲を少し拡げて、$F800 〜 $F88F の 144 バイトの領域を、$0800
から始まる同じバイト数の領域と比較しています。この場合、上でコピーした範囲
を超えて比較しているので、$0880 〜 $088F（$F880 〜 $F88F）の範囲は、偶然の
一致を除けば、まず一致しないでしょう。この場合は、一致しないアドレスのデー
タが、比較元のアドレスとそのデータ、比較先のデータという順に並べて表示され
ます。

カセットテープとのやり取り

　メモリのアドレス範囲を指定した後ろに「W」を付けてからリターンキーを押す
と、その範囲のデータをカセットテープに出力することができます。例の、ファッ
クスのような音声に変換して記録する機能です。うまくいった場合には、やはり何
もメッセージは表示せず、ビープ音だけがしてコマンドのプロンプトに戻ります。
逆にアドレス範囲を指定した後ろに「R」を付けると、カセットからメモリにデー
タを読み込むことができます（図 12）。

図12:指定したアドレス範囲のデータをカセットに書き込み、読み込む

　読み込む際にもアドレスを指定する理由は、カセットに保存した音声には、連続
したデータだけが含まれていて、アドレス情報が記録されていないからです。それ
を逆手にとれば、記録したときとは別のアドレスに読み込むことも可能です。ただ
し、機械語プログラムの場合には、置かれたアドレスが変わっても動く、リロケー
タブルなプログラムでなければ、意味のないものとなってしまいます。

表示モードの設定

　表示モードの設定とは、出力する文字を反転表示にしたり、また元に戻すという
機能を発揮するもので、それぞれ「I」と「N」という、パラメータを取らないコ
マンドになっています。I コマンドを実行すると、それ以降、モニターが出力する
文字は、プロンプトも含めて反転表示になります。ただし、キーボードから入力

した文字は反転せず、標準状態で表示されます。なぜそのようになるのかは、前章で解説した1文字出力ルーチンやキー入力ルーチンの動きを見れば明らかでしょう（図13）。

図13:画面の表示モードを反転に設定し、また元に戻す

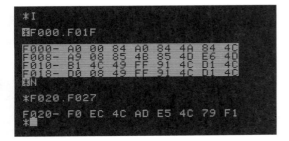

　これらは、おそらく Apple II のモニターコマンドの中で、最も使われる頻度が低かったものだと思われます。またそれだけに、このコマンドの存在自体、忘れてしまった、あるいは知らなかった、というユーザーも多いものと思われます。正直なところ、なぜこのようなコマンドが存在していたのか、よく分かりません。前章で解説した、ゼロページののINVFLG（$32）の機能を、簡単にテストするという以外に、具体的な用途は思い浮かびませんが、それならノーマルと反転表示だけでなく、点滅表示に設定するコマンドが欲しかったところです。それに、テストするだけなら、モニターによってINVFLGに直接対応するマスク値を書き込めば良いだけだと思われるのです。

逆アセンブラー

　指定したアドレスから20行分、あるいは以前に表示した続きから20行分の逆アセンブルリストを表示します。開始アドレスを指定する場合には、アドレスの後ろに「L」をタイプしてリターンキーを押します。続きを表示するには、単に「L」だけをタイプします。このコマンドでは、「.」で区切ったアドレス範囲を指定して、そこだけを逆アセンブルするという使い方はできません（図14）。

図14:指定したアドレス以降を逆アセンブル表示する

```
*F800L
F800-   4A          LSR
F801-   08          PHP
F802-   20  47  F8  JSR     $F847
F805-   28          PLP
F806-   A9  0F      LDA     #$0F
F808-   90  02      BCC     $F80C
F80A-   69  E0      ADC     #$E0
F80C-   85  2E      STA     $2E
F80E-   B1  26      LDA     ($26),Y
F810-   45  30      EOR     $30
F812-   25  2E      AND     $2E
F814-   51  26      EOR     ($26),Y
F816-   91  26      STA     ($26),Y
F818-   60          RTS
F819-   20  00  F8  JSR     $F800
F81C-   C4  2C      CPY     $2C
F81E-   B0  11      BCS     $F831
F820-   C8          INY
F821-   20  0E  F8  JSR     $F80E
F824-   90  F6      BCC     $F81C
*L
```

　後にも先にも、一般ユーザー向けのパソコンに、逆アセンブラー機能が標準で、しかもファームウェアとして ROM に装備されていたのは、Apple II くらいのものだと思われます。これを使えば、ユーザーのプログラムだけでなく、純正のすべてのファームウェアをユーザーが自由に逆アセンブル表示して、解析することができてしまいます。それによって、Apple II システムについて、非常に多くのことを学ぶことができます。ソフトウェアについてだけでなく、そこからハードウェアの仕様や仕組みも、うかがい知ることができます。そうして得られた知識は、当然ながら自分のプログラムを書く際に大いに役立ちます。これ以上にオープンなシステムが考えられるでしょうか。後で取り上げるミニアセンブラーと併せて、このコマンドの装備は、Apple II を本当に使いやすい、身近なものに感じさせてくれる最大の要因でした。

　Apple が、これ以降に発売したパソコンは、初代の Macintosh から今日に至るまで、どちらかというと中身を秘匿した閉じたシステムです。かろうじて開示しているのは、アプリ開発用の API、つまりソフトウェアのインターフェースだけで、それを実現している中身も、ハードウェアの仕様も、何も分かりません。そうした意味で言えば、他のメーカーも大差ありません。パソコンの歴史を思い起こしてみるに、ここまですべての面で積極的にオープンなシステムは、やはり Apple II だけだったと言えます。ウォズは、珠玉のような、本当に素晴らしいシステムを設計しただけでなく、その中身、技を、すべての人に惜しげもなく開示するという空前絶後の仕事をやってのけたのです。まったく、感謝の念しか浮かびません。

プログラムの実行

　メモリ中に置いた機械語プログラムを実行するためのコマンドは、大きく分けて3つあります。1つは、そのまま普通に実行する「G」、トレースしながら実行する「T」、そして、1ステップずつ停止しながら実行する「S」です。いずれの実行方法も、まず先頭アドレスを指定して、その後ろに「G」「T」「S」の文字をタイプして、リターンキーを押します。プログラムカウンターが分かっている場合には、アドレスを省略して、それらのコマンド文字を単独でタイプして実行を開始することも可能です。ステップ実行の場合には、少なくとも2回め以降の実行は、常に「S」コマンドだけを与えて、次々と続きを実行するのが普通です。

　プログラムを「普通に実行する」とは、曖昧な言い方ですが、実際の動作は、指定されたアドレス、または現在のプログラムカウンターにJMPします。その時点でのスタックポインターの設定にもよりますが、Gコマンドでサブルーチンのアドレスにジャンプすると、最後のRTSによってモニターのコマンドプロンプトにうまく戻ってきて、何事もなかったかのように次のコマンドを受け付けるようになっています（図15）。

図15:Gコマンドによって、サブルーチンにジャンプした例

　この例の場合、モニターのサブルーチン、PRBYTE（$FDDA）にジャンプしているので、アキュムレーターの内容（この場合は $00）を2桁の16進数で表示した後、モニターのプロンプトに戻っています。

　トレースというのは、機械語プログラムの1つの命令ごとに、その命令のニーモニックを表示し、さらにその時点のレジスター内容を表示しながら、プログラムを連続的に実行するものです（図16）。

　この例では、文字出力を反転表示に設定するモニターのSETINV（$FE80）からトレース実行しています。プログラムコードのニーモニックと、その時点のレジスター値を表示しながら実行していることが分かります。この場合、途中でINVFLG（$32）に #$3F の値を入れた時点で、表示が反転に切り替わっていることも確認できます。この実行も、RTSに行き当たった時点で戻るはずですが、トレース表示は、1ステップ行き過ぎています。これは表示だけの問題と考えられます。

図16:Tコマンドによって、プログラムをトレース実行する例

```
*FE80T
FE80-     A0 3F         LDY   #$3F
 A=B0 X=00 Y=3F P=30 S=F3
FE82-     D0 02         BNE   $FE86
 A=B0 X=00 Y=3F P=30 S=F3
FE86-     84 32         STY   $32
 A=B0 X=00 Y=3F P=30 S=F3
FE88-     60            RTS
 A=B0 X=00 Y=3F P=30 S=F3
FF76-     84 34         STY   $34
 A=B0 X=00 Y=3F P=30 S=F5
*
```

　もう１つのステップ実行は、１つの命令ごとに機械語プログラムのニーモニックとレジスター内容を表示するところまではトレースと同じです。ただし、１つの命令を実行するごとに動作を停止して、モニターのコマンドプロンプトに戻る点が異なります。続きを実行するには、「S」だけを入力します。止まっている間に、他のモニターコマンドを使ってメモリの内容を調べたり、続きのプログラムを確認したり、場合によっては、これから実行するプログラムの一部を書き換えたりすることができるので、動作状況を細かく調べたり、実験的に実行するのに大いに役立ちます（図 17）。

図17:Sコマンドによって、プログラムをステップ実行する例

```
*FE84S
FE84-     A0 FF         LDY   #$FF
 A=30 X=00 Y=FF P=B0 S=07
*S

FE86-     84 32         STY   $32
 A=30 X=00 Y=FF P=B0 S=07
*S

FE88-     60            RTS
 A=30 X=00 Y=FF P=B0 S=07
*
```

　この例では、文字出力を通常モードに設定するモニターの SETNORM（$FE84）からステップ実行しています。プログラムコードのニーモニックと、その時点のレジスター値を表示して実行した後、毎回モニターのプロンプトに戻っていることが確認できます。その都度、S コマンドで続きを実行しています。

　ここまでに示した例では、実行開始時のレジスター値は、まったく気にしていませんでした。最初の G コマンドの例では、アキュムレーターの内容を 2 桁の 16 進数で表示するものでしたが、その結果が「00」となったのは、たまたまアキュムレーターの内容が 0 だったからです。実は、モニターの実行コマンドは、プログラムを

起動する前に、すべてのレジスターの内容を設定することができます。各レジスターの値は、前の章で見た、レジスターの値を保存するゼロページのアドレスから読み込まれてから実行されるのです。モニターのコマンドを使って、それらのアドレスの内容を変更しても良いのですが、レジスターの値を設定するもっと簡単な方法が用意されています。

実行前にレジスターの内容を簡単に変更するには、まず各レジスターの値を表示するところから始めます。そのためには、モニタープロンプトにControl-E（CTRLとEキーを同時に押す）を入力してからリターンキーを押します。すると、トレースやステップ実行のときと同じようにレジスターの値が表示されます。それに続いて表示されるモニタープロンプトの後に、まず「:」をタイプし、その後に設定したい5つのレジスターの値をスペースで区切って書いてからリターンキーを押せば良いのです。順番は、A、X、Y、P、Sとなっていて、変更したいレジスターの部分まで書けば、省略した部分のレジスター値は変更されません。アキュムレーターの値だけを変更したければ、「:」の後ろに新しいアキュムレーターの値を表す2桁の16進数を1つ書いてリターンキーを押します。変更したら、再びControl-Eで確認できます（図18）。

図18:レジスターの値を表示して確認し、必要に応じて変更してからプログラムを実行する

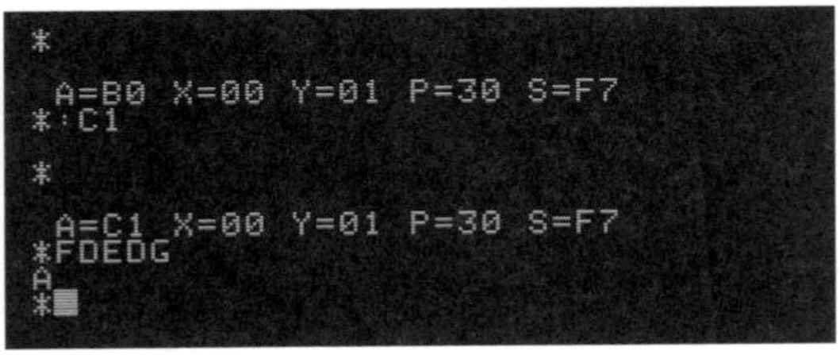
```
*
 A=B0 X=00 Y=01 P=30 S=F7
*:C1
*
 A=C1 X=00 Y=01 P=30 S=F7
*FDEDG
A
*
```

この例では、アキュムレーターの値を #$C1（ノーマル状態の「A」の文字コード）に変更してから、Gコマンドで再びCOUT（$FEDE）にジャンプしています。その結果、確かに「A」が表示されました。

なお、厳密に言うと、実行コマンドには、もう1つあります。それは、Control-Yを入力してからリターンキーを押すというものです。それによって、$03F8からのプログラムを実行します。といっても、$0400からはテキスト、または低解像度グラフィックのビデオメモリが始まってしまうので、そこには8バイトしか余裕がありません。これは、よく使うユーザープログラムへのジャンプ命令を、事前に$03F8に入れておいて利用するのが実用的な使い方というものでしょう。

7-2　ちょっと特殊なモニター操作

●複数コマンドの連続実行

Apple II のモニターは、複数のコマンドを連続して実行することができます。それは、異なるコマンドの組み合わせでも、同じコマンドの連続でも構いません。

まず、複数のコマンドを続けて実行させるには、単にコマンドをスペースで区切って書いて、最後にリターンキーを押せば良いのです。たとえば、ある範囲のメモリ内容を表示した上で、その一部を変更し、変更後の状態を確認したければ、図のようなコマンドをタイプすることができます（図 19）。

図19:メモリ内容の表示、変更、表示のコマンドを続けて実行する

```
*800.80F 800:10 11 12 13 800.80F

0800- FF FF 00 00 FF FF 00 00
0808- FF FF 00 00 FF FF 00 00
0800- 10 11 12 13 FF FF 00 00
0808- FF FF 00 00 FF FF 00 00
*
```

この例では、まず $0800 ～ $080F の内容を表示し、続いて $0800 からのメモリ内容を $10、$11、$12、$13、のように変更し、さらに確認として再び $0800 ～ $080F の内容を画面に表示しています。２番めのメモリ内容の表示に対するエコーバックはないので、最初のコマンドによるメモリ内容の表示の後に、３番めのコマンドによる変更後のメモリ内容が表示されています。変更前と変更後を並べて表示できるので、便利です。

アルファベット１文字のコマンドの場合、スペースを入れずに連続して記述して実行させることもできます（図 20）。

この例では、まず「I」コマンドにより、画面出力を反転モードにし、次に「L」コマンドによって $F800 から逆アセンブルを表示（反転）し、最後に「N」コマンドで、表示モードをノーマルに戻しています。

図20:反転モード、逆アセンブル、ノーマルモードの各コマンドを連続して実行する例

```
*IF800LN
F800-   4A           LSR
F801-   08           PHP
F802-   20 47 F8     JSR   $F847
F805-   28           PLP
F806-   A9 0F        LDA   #$0F
F808-   90 02        BCC   $F80C
F80A-   69 E0        ADC   #$E0
F80C-   85 2E        STA   $2E
F80E-   B1 26        LDA   ($26),Y
F810-   45 30        EOR   $30
F812-   25 2E        AND   $2E
F814-   51 26        EOR   ($26),Y
F816-   91 26        STA   ($26),Y
F818-   60           RTS
F819-   20 00 F8     JSR   $F800
F81C-   C4 2C        CPY   $2C
F81E-   B0 11        BCS   $F831
F820-   C8           INY
F821-   20 0E F8     JSR   $F80E
F824-   90 F6        BCC   $F81C
*
```

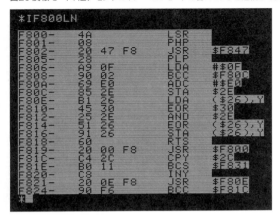

また実行結果は示しませんが、同じコマンドを、スペース無しで、いくつもつなげて書いて、連続実行させることも可能です（図21)。

図21:逆アセンブルコマンド(L)を連続実行させる例

```
*F800LLLL
```

このような使い方は、画面表示の場合には、あまり意味がありませんが、出力をプリンターにリダイレクトしているような場合、広い範囲の逆アセンブルを1回のコマンドで表示（印刷）できるので、便利です。

●簡易計算機能

これは「コマンド」とは言えないようなものですが、モニターのプロンプトに続けて、計算式を入力すると、2桁の16進数の足し算、または引き算を実行できます（図22)。

図22:コマンドプロンプトで、加算と減算を実行する

```
*75-88
=ED
*3+F2
=F5
*E8-9
=DF
*
```

　4桁の16進数の計算ができれば、アドレス計算などに、もっと便利に使えたのですが、2桁に制限されているは残念です。それでも、ページをまたがない場合には、相対ジャンプのオフセットの計算には十分役に立つでしょう。これも、あるとないとでは大違いです。

●入出力のリダイレクト設定

　第6章にも何度も出てきた入出力のリダイレクトは、ちょっと特殊なモニターコマンドで設定できます。それは、リダイレクトしたい入出力カードが装着されたスロット番号を1桁の数字で入力した後に続けて、Control-P（出力の場合）、またはControl-K（入力の場合）をタイプし、リターンキーを押すという操作です。たとえば、プリンター用のカードがスロット2に装着されているとすれば、「2」、「CTRL」+「P」（同時）、「RETURN」の順に押します。これで、出力がスロット2に装着されたデバイス、この場合はプリンターにリダイレクトされます。

　このコマンドが実際に実行しているのは、形としてはほんのわずかなことだけです。それは、出力の場合にはゼロページのCSW（$36, $37）、入力の場合には、同じくKSW（$38, $39）に格納されている入出力ルーチンのアドレスを書き換えることです。具体的には、スロット番号をnとすると、$Cn00に書き換えます。これは、各スロットに割り当てられたプログラムROMの先頭アドレスです。たとえば、2番スロットに出力をリダイレクトすると、CSWには、$C200が入ります。ちょっと思い出してみると、モニターROMの1文字出力ルーチンCOUT（$FDED）は、JMP $0036によって、CSWに入っているアドレスに間接ジャンプしてしまうのでした。そこには、初期状態では、COUT1（$FDF0）のアドレス値が入っていますが、そこが書き換えられて、拡張カード上のROMの先頭アドレスにジャンプするというわけです。

　キー入力ルーチンについても同様です。RDKEY（$FD0C）は、カーソルの点滅処理を実行した後、JMP $0038によって、KSWに入っているアドレスに間接ジャンプします。そこには初期値として、やはり通常のキー入力ルーチンKEYIN（$FD1B）が入っています。これも、たとえば「3」、「CTRL」+「K」（同時）、「RETURN」のように操作することで、$C300にリダイレクトするように設定できます。

　実際の文字の出力を考えたとき、たとえば電動タイプライターのように、キャリッジリターンといった制御コードも含めて、1文字ずつそのままデバイスに出力すれば良いプリンターなら、特にデバイスやプログラムの初期化も必要ないかもしれま

せん。その場合、その ROM エリアの先頭に置いたプログラムで、アキュムレーターに入れられた文字コードを、拡張カード上の所定のポートから出力するだけで良いでしょう。しかし、最初に文字を出力する前に、プログラムによって何らかの初期化が必要なデバイスも少なくありません。初期化ルーチンは、とりあえず ROM の先頭に置くしかありません。しかし通常は、出力する文字コードを受け取るたびに初期化するわけにもいかないでしょう。それを避けるためには、初期化ルーチンの中で、さらに CSW や KSW のアドレスを書き換えて、単なる文字入出力ルーチンにリダイレクトするように置き換える、といった処置も可能です。

　また、プリンターに出力文字をリダイレクトする場合、プリンターに出力する内容が画面にも表示されるかどうかは、プリンターに出力するプログラムの作り方で違ってきます。プリンターの単純な使い方としては、画面に表示される内容を、そのまま紙にも印刷するというものが考えられます。その場合は、画面とプリンターに同じ文字を出力しても問題ありませんし、むしろそういう機能が望まれる場合も多いでしょう。しかし、たとえばグラフィック画面の表示を、ドットで構成された画像としてプリンターに出力するという使い方もあるでしょう。その際には、グラフィックを印刷するためのプリンターの制御コマンドや画像データを画面に表示されても困ります。その場合には、出力はプリンターにだけ向かうようにしなければなりません。

　一方、形式的には 1 文字の入出力ルーチンをリダイレクトして動作しながら、メインの動作は必ずしも文字の入出力ではないデバイスもあります。その代表的なものがフロッピーディスクドライブです。ちなみに、フロッピーディスクドライブは、入力も出力も可能なデバイスということになっています。そこで、一般的な習慣に従ってスロット 6 にフロッピー用のカードを装着した場合、「6」、「CTRL」＋「P」（同時）、「RETURN」でも、「6」、「CTRL」＋「K」（同時）、「RETURN」でも、デバイスを初期化してフロッピードライブを利用可能な状態にすることができます。そのいずれかの操作によって、最初はフロッピーディスクを利用可能にする DOS（Disk Operating System）のプログラムがシステムディスクからメモリに読み込まれ、初期化されます。その際には、1 文字出力ルーチンも、キー入力ルーチンも確かにリダイレクトされるのですが、それ以降は、直接それらを使ってフロッピーディスクを読み書きするわけではありません。DOS は、キー入力ルーチンをリダイレクトすることで、ユーザーがタイプする DOS コマンドを、モニターや BASIC よりも先に読み取ります。その結果、それ以前はモニターや BASIC で使えなかった DOS コマンドが、モニターや BASIC 上でもエラーを起こすことなく使えるように

なるのです。

　なお、入出力機能のリダイレクトは、モニターだけでなく、BASIC からも操作できます。モニターの Control-P に対応するのが「PR#」、Controk-K に対応するのが「IN#」というコマンドです。たとえば、スロット 6 のディスクドライブカードを有効にするには「PR#6」または「IN#6」というコマンドを実行すれば良いのです。

●コントロールキーによる操作

　Apple II のモニターには、「コマンド」と呼ぶには語弊があるものの、単独でそれなりの機能を持ったキー操作が含まれています。それらの中には、前章で取り上げた ESC キーとの組み合わせによるキー入力と機能が被るものもありますが、ここで取り上げるのは ESC ではなく，CTRL キーと同時に押すことで機能を発揮するキー操作です。ESC の場合は、まず ESC を押して、いったん放してから次に改めて何らかのキーを押す、という操作になりますが、CTRL の場合には、CTRL を押したまま放さずに、別のキーを押してから同時に放す、といった操作です。

　すでに前節で、プログラム実行時にレジスターの内容を表示するコマンドや、特定のアドレスにジャンプするものは取り上げましたが、ここで紹介するのは、もっと一般的な機能を発揮するものです。1 個ずつ説明するのも煩雑なので、表にまとめておきました（図 23）。

図23:モニターで使えるコントロールキー操作

CTRLと同時に押すキー	動作	備考
B	BASICを起動(コールドスタート)	
C	BASICに移動(ウォームスタート)	
G	ベル(ビープ音)を鳴らす	
H	カーソルを1文字分左に移動(バックスペース)	「←」キーと同じ
J	ラインフィード	
V	カーソルを1文字分右に移動(リタイプ)	「→」キーと同じ
X	今いる行の入力を中断(無効)にして次の行に移る	

　じゃっかん補足すると、Control-B によって BASIC に入る場合に「コールドスタート」というのは、それ以前にあった BASIC のプログラムや変数の値などがすべて初期化されて、新たに BASIC が起動するという意味です。それに対して Control-C では、それ以前にあった BASIC のプログラムも、変数の値も保持され、以前の続きから BASIC 環境が使えます。

　Control-J の「ラインフィード」は、カーソルを行の先頭に戻さずに、カーソルを 1 行下に移動するものです。もし、カーソルが画面の最下行にある場合は、画面の表示全体が 1 行分、上にスクロールします。通常のモニタープロンプトが表示されている場合には、たいていそうなるでしょう。この表にはありませんが、Control-M を入力すれば、RETURN キーを押したのとまったく同じように、それまでの入力を完了して、カーソルを行の先頭に戻して改行します。

　なお、BASIC のプログラムを実行中に Control-C キーを押すと、プログラムの実行を中断して、その時点の行番号を「STOPPED AT 」に続けて表示して、BASIC のプロンプトに戻ります。これは、あくまで BASIC の機能であって、モニターとは関係ありませんが、憶えておくと便利でしょう。

7-3 | 6K BASIC ROMに滑り込ませた ミニアセンブラー

●ミニアセンブラーの起動

　前章でも述べたように、Apple II の 6K BASIC の ROM には、6502 のアセンブリ言語を 1 行ずつ機械語コードに変換するミニアセンブラーが組み込まれています。それを利用するには、言うまでもなく 6K BASIC の ROM が必要です。または、それに相当するプログラムがランゲージカードにロードされていなければなりません。つまり、最初期のスタンダードの Apple II なら、そのままでいつでも利用可能ですが、Apple II plus 以降のモデルは、10K BASIC が標準となっているので、そのままではミニアセンブラーは利用できません。その場合には、ランゲージカードを装着して、DOS を使って 6K BASIC をランゲージカードに読み込めば利用できるようになります。その際には、6K BASIC と 10K BASIC の両方が利用可能となるわけですが、必ず 6 K BASIC からモニターコマンドに入り、そこからミニアセンブラーを起動する必要があります。以前に述べたように、BASIC のプロンプトは、6K BASIC が「>」、10K BASIC が「]」となっていて、容易に区別がつくのですが、コマンドプロンプトは、オリジナルでもオートスタートでも「*」となっていて、それだけでは区別できないので、注意が必要です。

　これも前章で述べましたが、ミニアセンブラーのエントリーポイントは「$F666」という印象的なアドレスです。6K BASIC がロードされた状態で、モニターからミニアセンブラーに入るには、プロンプトに続いて「F666G」とタイプしてから、リターンキーを押します。するとミニアセンブラーのプロンプト、「!」が表示されます（図24）。

図24:6K BASIC側のモニターコマンドでミニアセンブラーを起動

```
*F666G
!
```

　これで、Apple II の RAM エリアのどこにでも、6502 のニーモニックを使って、直接機械語プログラムを書き込めるようになりました。

　なお、オートスタート ROM で「F666G」を実行しても、一瞬の間のあと、モニタープロンプトに戻るだけです。

●ミニアセンブラーの入力フォーマット

　ミニアセンブラーに対する入力の基本的なフォーマットは、「アドレス：オペコード　オペランド」という形になっています。まず機械語プログラムを収納する先頭アドレスを指定し、コロン（:）で区切って6502の英字3文字のオペコードを書きます。次に、必要に応じてスペースで区切ってからオペランドを書き、リターンキーを押します（図25）。

図25:アドレスに続いて6502のオペコード、オペランドを入力する

```
!800:LDA #$31█
```

　その結果、これまでのモニターコマンドとは異なり、プロンプトも含めて入力したラインはいったん全部消えてしまいます。そして、それを置き換えるように、今入力したコードが逆アセンブラーと同じフォーマットで再表示され、その下にまたミニアセンブラーのプロンプトが表示されます（図26）。

図26:入力したラインは消えて、逆アセンブラーの表示に置き換わる

```
0800-    A9 31       LDA    #$31
!█
```

　これで、入力したコードのアドレス、機械語コードそのもの、ニーモニック（オペコード＋オペランド）が確認できます。
　上の例では、$0800 に $A9、$0801 に $31 というアセンブルされたコードが入ったことが分かります。この続きのプログラムを入力するには、次のアドレスは $0802 であることも明らかなので、「802:」のように始めても良いのですが、もっと簡単な方法もあります。それは先頭に1つのスペースを置いて、それに続けてオペコード、オペランドを入力する方法です（図27）。

図27:続きのプログラムは、先頭にスペースを置いて書き始める

```
0800-    A9 31       LDA    #$31
! TAX█
```

　この例では、新たなミニアセンブラーのプロンプトに続いて「 TAX」と入力してリターンキーを押しています。この行も逆アセンブラー表示に置き換わり、

$0802には$AAというコードが入ったことが分かります。このように、先頭をスペースで始めれば、次々と続きを入力することができます。

図28:先頭にスペースを置いて入力したプログラムは続きのアドレスに入る

　ここで、少しだけ長めになりますが、意味のある動きをするプログラムを入力して、実際に動かしてみることにしましょう。プログラムはなるべく単純で、効果がはっきりと分かるものが良いでしょう。ということで、低解像度グラフィックで、水平線を画面の最上行から最下行まで、画面の左端から右端にわたって引くというものにします。線の色は、毎回ランダムに見えるように変更します。まずは、このプログラムを入力し終わったところを見てみましょう。$0800から始めて$0823まで、36バイト、16行の小さなプログラムです（図29）。

図29:低解像度グラフィックの画面を色の異なる水平線で埋めるプログラム

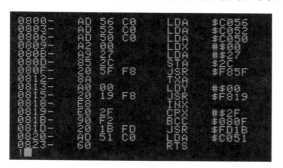

　このプログラムに出てくる個々の命令や、I/Oアドレスの意味については、これまでに説明したものばかりなので、細かい説明は割愛して、全体の流れをざっと説明しましょう。まず、画面モードを低解像度グラフィック、非ミックスモードのグラフィック表示に切り替えるところから始めています。その後、ループのカウンターとなるXレジスターの値を0に設定し、水平線の右端のX座標の値、$27（39）をゼロページの$2Cに設定します。その次の行からがループの中身になります。
　ループの中では、まず最初に$F85F（NXTCOL）を呼び出して、線の色を「次の色」に設定しています。その後、ループカウンターXレジスターの値を、次に描く線のY座標としてアキュムレーターに転送し、線の左端のX座標を表すYレジスター

の値を0に設定してから $F819（HLINE）を呼び出して水平線を描いています。戻ってきたらカウンターのXレジスターの値を増やし、画面の下端のY座標の値 $2F（47）と比較します。まだそこに達していなければ、色を設定するところ（$080F）に戻ってループします。

　ここで下端に達した場合は、描いた線を確認する時間をかせぐため、$FD1B（KEYIN）を呼び出して、1文字のキー入力を待ちます。これは何かキーが押されるまで帰ってこないので、その間はグラフィックが表示されたままになります。何かキーを押すと戻ってきて、$C051 にアクセスして、画面をテキストモードに切り替えて、元に戻るというわけです。

●モニターコマンドの実行

　今入力したプログラムは、モニタープロンプトに戻って実行しても良いのですが、ミニアセンブラーにいながらにして実行することもできます。それは、ミニアセンブラー内では、先頭に「$」を付けることで、モニターコマンドを直接実行できるからです。

　ここでは、ミニアセンブラーのプロンプトに続けて「$800G」とタイプしてリターンキーを押しています（図30）。

図30:ミニアセンブラーの中からモニターコマンドを実行してプログラムを起動

```
0820-    AD 51 C0    LDA    $C051
0823-    60          RTS
!$800G
```

　すると、画面全体に1本ごとに色の異なった水平線が描かれます（図31）。

図31:プログラムの実行結果。「ランダムな」色の水平線が画面いっぱいに描かれる（口絵8）

　NXTCOL は、色の番号に毎回 3 を足しているだけですが、このように連続的に呼び出すと、あたかもランダムな色を返しているような効果が得られることが分かります。

　ここで何かキーを押すと、画面はテキストモードに切り替わり、再びミニアセンブラーのプロンプトに戻ってきます（図 32）。

図32:画面いっぱいに水平線を描いた低解像度グラフィックからテキストモードに切り替わった

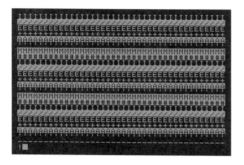

　低解像度グラフィックとテキストはビデオメモリを共有しているため、低解像度グラフィック画面に何かを描いたままテキストモードに切り替えると、このように意味のないテキストが表示されます。

　なお、ミニアセンブラーのプロンプトの直後に「$」を付けて入力すれば、G コマンドだけでなく、あらゆるモニターコマンドを利用することができます。ミニアセンブラーからモニターに戻るには、ちょっと乱暴のように思えるかもしれませんが、RESET キーを押します。ミニアセンブラーは、オートスタートではないオリジナルのモニター ROM とともに動いているはずなので、RESET キーでモニターに戻るのが所定の動作なのです。

INDEX

記号 / 数字

Φ 054
10K BASIC 014, 033, 168
2001年宇宙の旅 018
4004 .... 038, 042
6501 .... 046, 048, 052, 054
6502 ....010, 011, 012, 013,
014, 015, 016, 017, 018, 020, 021, 022,
023, 024, 025, 026, 031
65C02 021
65C816 .... 022, 049
6800 ... 010, 011, 043, 045, 052, 056, 060
6809 .... 010, 049
6K BASIC 014, 168
7セグメント 016
8008 .... 040, 042
8080 .... 010, 011, 041, 042, 045
8085 010

英文

A/D変換器 151
AIM 65 016
Allen Baum 177
Altair 8800 158
Andy Hertzfeld 171
Apple I 017
Apple II 010, 014, 015, 018, 019, 020,
021, 026, 028, 029, 030
Apple II j-plus 021, 030
Apple II js 029, 031
Apple II plus 021, 028, 029, 030
Apple IIc 021, 029
Apple IIe 021, 028, 029, 030
Apple IIGS 022, 049
AppleWin 028
ARM 044
ASCIIコード 040, 118, 130, 144
Autostart ROM 170

BYTE誌 109, 179
CALL -155 226
Catakig 029
CISC 044
CMOS 021
Commodore 011, 048
CP/M 166
CPUコア 020
CRTターミナル 040
CRTモニター 018
CTC (Computer Terminal Corporation) ... 040
DEVICE SELECT 160, 161
DMA 160, 166
DOS 014, 118
FP 227
GitHub 024, 028, 031
HTML5 035
I/O SELECT 160, 162
I/O STOROBE 164
ICE 026
ICR 026
IEEE-696 158
IN# 242
INT 227
JavaScript 024, 030, 035
KIM-1 015
Microsoft 168
MITS 158
MOS Technology 010, 011, 015, 017,
046, 048
Mostek 045, 048
NEC 016
NOP 084
NTSC 110, 111
PC-8001 113
PET 2001 018
PowerPC 029, 044
PR# 242

RAM 014
RFモジュレーター 018, 019, 124
RISC 013, 026, 044
Rockwell 016
RP2A03 020
S100バス 158
SIM-1 016
Synertek 016, 050
The MOnSter 6502 025
TK-80 016
VIM-1 016
Visual Transistor-level Simulation of the
6502 CPU 023
VRAM 117
Western Design Center 049
Windows 028
Windows 10 029
Z80 .... 010, 113
Z80 SoftCard 166

あ

アキュムレーター 013, 056, 057
アセンブリ言語 062
アドレス空間 012
アドレスバス 040
アドレッシングモード 014, 048, 056, 060
アナログジョイスティック 145
インデックスレジスター 013, 057
インテル…010, 011, 038, 039, 040, 041, 056
ウォームスタート............................. 170
エクステンデイド 064
エッジコネクター 119, 157
エミュレーター 028, 029, 030
演算命令...................................... 062
エンディアン 044
オープン指向 020
オペコード 062, 080
オペランド 062, 080

か

回転............................. 061, 067
回路図.. 019

拡張スロット 108, 119
カスタムチップ 020
カセットテープレコーダー 018
カラーグラフィック........................... 019
機械語 012, 028
逆アセンブラー 028
キャラクタージェネレーター 127
キャリー 063
キャリッジリターン 127
キロバイト 114
キロビット 116
グラフィック 014
クロック 013
クロックジェネレーター 047
ゲーム専用機 019, 020
高級言語...................... 058, 070
コールドスタート........................... 170
互換モード 022

さ

ザイログ 010
サブルーチン 012
システム変数 014
実効アドレス 070, 071
実行サイクル数 013, 091
シフト 061, 067
嶋正利.................... 039, 040, 042
ジャンプ命令 012
修飾.................................. 069, 070
周辺回路...................................... 014
ジョイスティック 028, 035
スーパーファミコン 022, 049
スタックポインター.................... 012, 057
スティーブ・ウォズニアク 109
ステータスレジスター 058
ステップ 235, 236
ストア命令 065
ストローブ信号 144
セカンドソース 049, 050
ゼロページ 014, 065
相対ジャンプ 076
ソースコード 020

た

ダイ	023, 025
タイプライター配列	018
ダイレクト	065
ダブルバッファリング	116
デジタルRGB	132
デューティー比	085, 174
電卓	039
点滅表示	130
東京ドーム	027
トライステート	047
トランシ_ション効果	196
トレース	235

な

ニーモニック	062, 091, 178
ニブル	082
任天堂	020, 023, 049
ノーコネクション	047

は

パーソナルコンピューター	010, 038, 041
バイトオーダー	044
パイプライン処理	013
配列	070
パターン	230
バンク切り替え	119
反転表示	130
比較命令	062
ビジコン社	039
ビデオ回路	014
ビデオジェネレーター	108
ビンコンパチブル	047
ファミリーコンピュータ	020
フォントROM	127
ブラウザー	029, 030
プラグ＆プレイ	161
フレームレート	153
プログラムカウンター	012, 057
フロッピーディスク	014, 028
プロンプト	033, 034, 226
補色	139

ま

マイクロコード	086
マイクロソフト	014
マイクロプロセッサー	010, 011, 038, 039, 041, 042, 043, 045
マルチプレクサ	109
ミックスモード	122, 195
ミニアセンブラー	028
命令セット	012, 041
メモリ・マップド・I/O	114
モステック	046
モトローラ	010, 011, 043, 045

や / ら / わ

ランゲージカード	119, 160, 161, 226, 244
ランダムロジック	039
リコー	020
リダイレクション	163, 182
リバースエンジニアリング	023
レジスター	012
レトロ指向	022
レビジョン	126
ロード命令	062, 066
論理演算	063, 066
ワープロソフト	019
ワイプ	196
ワンショットタイマー	152

柴田文彦（しばた ふみひこ）

1984年東京都立大学大学院工学研究科修了。同年、富士ゼロックス株式会社に入社。1999年から
フリーランスとなり現在に至る。大学時代にApple IIに感化され、パソコンに目覚める。在学中から月
刊I/O誌、月刊ASCII誌に自作プログラムの解説などを書き始める。就職後は、カラーレーザープリン
ターなどの研究、技術開発に従事。退社後は、Macを中心としたパソコンの技術解説記事や書籍を執
筆するライターとして活動。時折、テレビ番組「開運！なんでも鑑定団」の鑑定士として、コンピュータ
ーや電子機器関連品の鑑定、解説を担当している。

本書のサポートサイト：
http://www.rutles.net/download/500/index.html

装丁　米谷テツヤ
編集　うすや

6502とApple IIシステムROMの秘密　6502機械語プログラミングの愉しみ

2020年2月28日　　初版第1刷発行

著　者　柴田文彦
発行者　黒田庸夫
発行所　株式会社ラトルズ
〒115-0055　東京都北区赤羽西4-52-6
電話 03-5901-0220　FAX 03-5901-0221
http://www.rutles.net

印刷・製本　株式会社ルナテック

ISBN978-4-89977-500-3　Copyright ©2020 Fumihiko Shibata
Printed in Japan

【お断り】
● 本書の一部または全部を無断で複写複製することは、法律で認められた場合を除き、著作権の侵害となり
　ます。
● 本書に関してご不明な点は、当社Webサイトの「ご質問・ご意見」ページhttp://www.rutles.net/contact/
　index.phpをご利用ください。電話、電子メール、ファクスでのお問い合わせには応じておりません。
● 本書内容については、間違いがないよう最善の努力を払って検証していますが、監修者・著者および発行者
　は、本書の利用によって生じたいかなる障害に対してもその責を負いませんので、あらかじめご了承ください。
● 乱丁、落丁の本が万一ありましたら、小社営業宛てにお送りください。送料小社負担にてお取り替えします。